紫檀

鉴　赏　与　收　藏

曹　喆　著

上海科学技术出版社

版权

图书在版编目(CIP)数据

紫檀鉴赏与收藏/曹喆著. —上海：上海科学技术出版社，2012.6

ISBN 978-7-5478-1189-4

Ⅰ.①紫… Ⅱ.①曹… Ⅲ.①紫檀－木家具－鉴赏－中国 Ⅳ.①TS666.20

中国版本图书馆CIP数据核字（2012）第015887号

上海世纪出版股份有限公司
上海科学技术出版社 出版、发行

(上海钦州南路71号 邮政编码200235)

新华书店上海发行所经销

上海中华商务联合印刷有限公司

开本 787×1092 1/16 印张14

字数：170千字

2012年6月第1版 2012年6月第1次印刷

ISBN 978-7-5478-1189-4/TS · 85

定价：98.00元

自序

近年兴旺的中国传统文化研究与推广热潮大致可以认为是再一次文化觉醒，或是巨人重新找回自我的行动。在媒体和书籍推动下，国学回到中国人的生活中，人们在写历史、说历史、听历史。在这次文化回归中，文物收藏热是另一种形式的文化自我肯定。以往生活里不在意的、旧的、俗的，现在都成了宝物。中国古典家具收藏也是这股潮流中的一支。

中国古家具精品遗存不算多。各种历史原因造成了大量损毁，上世纪末又有不少流失海外，剩下的若非进了博物馆，便是被私人收藏。曾经与生活如此亲密的中国传统家具离民众越来越远。写这本小书的目的，在于使更多的人了解中国传统家具，了解其中最为珍贵的紫檀家具。若这点努力能为中国文化积累与传承做到一点微末贡献，那么这本小书便有了存在价值。

紫檀木是天地间的精灵，数百年方能成材，产量极低。材质细密温润，色彩凝重端庄。古代传世的紫檀家具当真少之又少。所幸当今之中国正走向富强，新一代的紫檀传统家具在工艺和设计上已经超越以往，本书中的很多实物照片都是新制紫檀家具。

本书编撰工作得到南通永琦紫檀艺术珍品馆的大力支持，感谢他们提供了大量图片及技术资料。此书的顺利出版也是与上海科学技术出版社及何丽川女士的鼎力支持分不开的。

因作者学识所限，书中难免有不当或偏颇之处，请专家、读者指正。并谨以此书向该领域的前辈、同行及为中国传统家具进步而努力的人士敬礼!

价值紫檀木是天地間的精靈數百年方能成材產量極低材質細密溫潤色彩凝重端莊古代傳世的紫檀家俱當真少之又少所幸今日之中國正走向富强新一代紫檀傳統家俱在工藝和設計上已經超越以往本書中的很多實物照片都是新制紫檀家俱本書編撰工作得到南通永琦紫檀藝術珍品館的大力支持感謝他們提供了大量圖片及技術資料此書的順利出版也是與上海科學技術出版社及何麗川女士的鼎力支持分不開的因作者學識所限書中難免有不當或偏頗之處請專家讀者指正并謹以此書向該領域的前輩同行及為中國傳統家俱進步而努力人士敬禮

辛卯初秋古喆撰并書

自序

自序

近年興旺的中國傳統文化研究與推廣熱潮大致可以認為是文化覺醒或是國人重新找回自我的行動在媒體和書籍推動下國學回到中國人的生活中人們在寫歷史說歷史聽歷史在這次文化回歸中文物收藏熱是另一種形式的文化自我肯定以往生活裏不在意的舊的俗的現在都成了寶物中國古典家俱收藏也是這股潮流中的一支中國古家俱精品遺存不算多各種歷史原因造成了大量損毀上世紀末又有不少流失海外剩下的若非進了博物館便是被私人收藏曾經與生活如此親密的中國傳統家俱離民眾越來越遠這本小書的目的在於使更多的人了解中國傳統家俱了解其中最為珍貴

目录

目录

目录

紫檀溯源

关于紫檀，要从唐代谈起。不仅因为现今存留的最早紫檀器具是唐代的，还因为可以在唐代典籍里见到紫檀的称谓，更重要的原因是中国家具的形制，从唐代开始真正丰富起来。

日本正仓院藏有唐代紫檀棋盘、衣架和琵琶等物。下图是唐代螺钿镶嵌的紫檀琵琶，至今保存完好。可以看到其制作极其精致，丰满华丽的图案布满了琵琶的两面。据说花纹镶嵌使用了珍珠、龟甲以及琥珀等。

日本正仓院所藏唐代紫檀琵琶

在唐诗中也可以看到关于紫檀琵琶的文字。如《全唐诗》卷一百六十，孟浩然的《凉州词》就有："浑成紫檀金屑文，作得琵琶声入云。胡地迢迢三万里，那堪马上送明君。"

另外，《全唐诗》卷三百八十六，张籍《宫词》："黄金捍拨紫檀槽，弦索初张调更高。"卷五百五十二，李宣古《杜司空席上赋》："觱栗调清银象管，琵琶声亮紫檀槽。"卷七百三十五，和凝《宫词》："金鸾双立紫檀槽，暖殿无风韵自高。"卷三十六，王仁裕《荆南席上咏胡琴妓二首》："红妆齐抱紫檀槽，一抹朱弦四十条。"槽是指琵琶上架弦部分。可以看到，唐代用紫檀制作乐器是比较常见的。

元代马端临《文献通考》卷一百三十七·兵考十，提到另外一种檀木做的琴槽："唐天宝中，宦者白秀正使西蜀回，献双凤琵琶。以逻逤檀为槽，温润辉光，隐若圭璧，有金缕红文，蹙成双凤。贵妃每自奏于梨园，音韵凄清，飘如云外，殆不类人间。诸王贵主，竞为贵妃琵琶弟子。"唐玄宗天宝年间，宦官白秀正从四川带回来一把双凤琵琶。逻逤是吐蕃旧称，指西藏地区。琵琶的琴槽是用逻逤檀制作，琴身上有如同玉质的纹理若隐若现。

唐代冯贽《云仙杂记》卷四有记载："开成中，贵家以紫檀心、瑞龙脑为棋子。"838 年前后，富贵人家有用紫檀和樟木做棋子的。不过，《云仙杂记》有可能是后人伪托唐人的名字所著。

日本正仓院还藏有一只唐代紫檀棋盘。唐代木器留存至今，而且保存如此完好的相当罕见。据记录，该棋盘尺寸为长一尺八寸，阔一尺二分，高五寸六分。

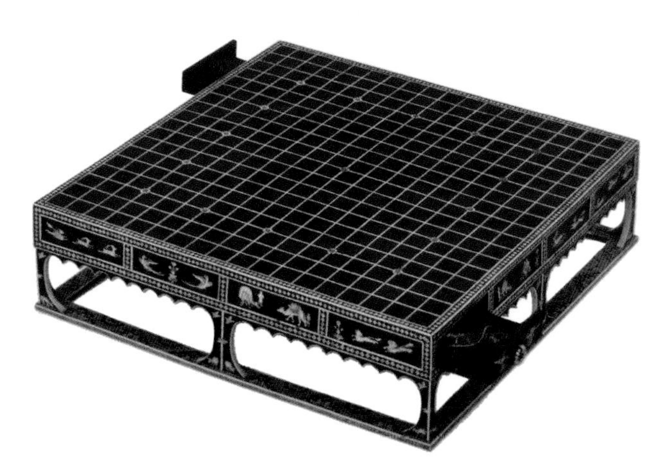

日本正仓院所藏唐代紫檀棋盘（选自《中国工艺美术集》，高等教育出版社，2006）

这种棋盘的样式很符合唐代家具的特征，我们可以在敦煌壁画上见到造型类似的家具器物。壶门为莲花形的矮榻在整个唐代的敦煌壁画中都可以看到。

唐代还使用檀木制作书画的轴头，但不知是否为紫檀。唐代张彦远著《法书要录》卷二："又纸书飞白章草二帙十五卷，并旃檀轴……自此以下，别有三品书，凡五十二帙五百二十卷悉旃檀轴。"

据《本草纲目》，旃檀就是檀木，中国古代常将檀木按色彩分为白、黄、紫三种，紫檀也称为"紫旃檀"，也有讹称为"紫真檀"的，云南有将紫檀称赤檀的。宋代李昉《太平御览》卷七百九十二："《北史》曰：天竺国，去代三万一千五百里。城东三百里有拔赖城，城中出黄金、白真檀、赤檀、石蜜。"说明唐代以前也有将紫檀称为赤檀的。

作为比较，将其他唐代关于檀木的记载录于此，可以知道中国古人以色为木材命名的习惯。如白檀也是唐代常用的贵重木材，常作香料用。《旧唐书 · 列传一百四十七 · 南蛮》："堕婆登国，贞观二十一年，其王遣使献古贝、象牙、白檀。"《全唐诗》卷三百零二，王建《宫词》："移来女乐部头边，新赐花檀木五弦。"卷八百三十九，齐己《东林作寄金陵知己》："泉滴胜清磬，松香掩白檀。"卷八百四十五，齐己《荆州新秋寺居写怀诗五首上南平王》："满印白檀灯一盏，可能酬谢得聪明。"

从记载来看，唐代以及前朝多用硬质檀木制作乐器和战车，少见檀木用于家具。唐代还处在从地面向低矮家具的过渡阶段，坐姿主要还是席地盘腿坐。室内家具比较少，主要为床、榻、凳等。所以，虽然紫檀已经在唐代有比较多的应用，但较少用于家具。

莫高窟9窟（晚唐）

莫高窟14窟（晚唐）

唐代敦煌壁画中的家具

紫檀木材

中国远古就将硬质木材称为“檀”。如：宋代李昉《太平御览》卷八百二十四引用：“《国风 · 将仲子兮》曰：将仲子兮，无逾我园，无折我树擅。”其后的注解有：“檀，强刃之木。”元代马端临《文献通考》卷一百五十八 · 兵考十：“牧野洋洋，檀车煌煌。”其后的注解有：“檀，木之坚者。”

所以，古代称呼紫檀，即指紫色的硬木。现在能见到最早的紫檀记载大概是晋代崔豹《古今注》卷下记载的：“紫旃木，出扶南而色紫，亦谓紫檀。”

《太平御览》卷九百二十八记载紫檀出于昆仑国：“《南夷志》曰：昆仑国，正北去蛮界西洱河八十一日程。出象，及青木香、旃檀香、紫檀香、槟榔、琉璃、水精、蠡杯。”中古时期，昆仑国也被称为盘盘国，位于今天的马来半岛东岸，暹罗湾附近。

明代李时珍《本草纲目》卷三十四：“紫真檀出昆仑盘盘国，虽不生中华，人间遍有之。”《本草纲目》将紫檀和白檀同作为香木放在“檀香”条目下：“紫檀，诸溪峒出之。性坚，新者色红，旧者色紫，有蟹爪纹。新者以水浸之，可染物。真者揩壁上色紫，故有紫檀名。近以真者，揩粉壁上果紫，余木不然。”李时珍所记载，辨别紫檀的方法是取木块在白纸或白墙壁上划痕，有紫痕留下的就是紫檀。

明代曹昭《格古要论》卷下：“紫檀木，出海南、广西、湖广。性坚。新者色红，旧者色紫。有蟹爪纹。新者以水揩之，色能染物。”关于紫檀能够提取颜色染物的说法，在谢弗所著《唐代的外来文明》中也有叙述。

这里将我国现代关于紫檀以及相关木种的较为权威的定义引用如下：

《中华人民共和国国家标准——红木》(2000 年版)：“檀香紫檀（*Pterocarpus santalinus* L. f.)。散孔材。生长轮不明显。心材新切面橘红色，久则转为深紫或黑紫，常带浅色和紫黑条纹；划痕明显；木屑水浸出液紫红色，有荧光。管孔在肉眼下几不得见；弦向直径平均 92 μm；数少至略少，

3 ～ 14 个 /mm。轴向薄壁组织在放大镜下明显，主为同心层式或略带波浪形的细线（宽 1 ～ 2 细胞），稀环管束状。木纤维壁厚，充满红色树胶和紫檀素。木射线在放大镜下可见；波痕不明显；射线组织同形单列。香气无或很微弱；结构甚细至细；纹理交错，有的局部卷曲（有人藉此称为牛毛纹紫檀）；气干密度 1.05 ～ 1.26 g/cm^3。”该段文字与历史记载和医学专著有不相符之处。

周铁烽主编的《中国热带主要经济树木栽培技术》（中国林业出版社，2001）记载如下：“印度紫檀。别名：紫檀、蔷薇木、青龙木、赤血树。学名：*Pterocarpus indicus* Willd。科名：蝶形花科 Papilionaceae。印度紫檀是世界有名的紫檀属树种之一，菲律宾列为国树，其木材制家具在中国王朝视为权贵象征。

“形态特征。落叶或半落叶乔木。在原产地成年树高 30 m 以上，胸径 1 ～ 1.5 m。幼树树皮光滑、浅灰，长大后变粗糙、浅褐色。主干短，多分枝。小枝通常具皮孔。奇数羽状复叶，小叶 5 ～ 7 片；小叶以顶生者最大，长达 14 cm，宽 7.5 cm，椭圆形至卵状椭圆形，偶有卵形，坚纸质，先端急尖，尖头钝，基部圆形或宽钝，侧脉 7 ～ 9 条，小叶柄短，长约 5 mm。圆锥花序顶生或腋生，多花，黄色。荚果周围具翅，圆形，一侧生有锐短喙，荚果直径 4 ～ 6 cm，有种子 2 ～ 3 粒，多达 4 粒。花期 4 ～ 5 月，果期 8 ～ 10 月。

“为国际木材市场上名贵木材。心边材明显，边材白色或浅黄色，心材棕红色，纹理交错，结构均匀，易加工，新切面具光泽和香气，表面磨光后十分光亮。

“檀香紫檀。别名：赤檀、紫榆、酸枝树。学名：*Pteuocaupus santalinus* L.f.。科名：蝶形花科 Papilionaceae。

“形态特征。乔木，海南岛引种 35 年生的树高约 25 m，胸径 57 cm。树干通直，少大枝桠。树皮深褐色，深裂成长方形薄片。树液流出很快变为深红色。小枝被灰色柔毛。小叶 3 ～ 5 片，稀有 6 ～ 7 片，椭圆形或卵形，长 9 ～ 15 cm，先端微凹，基部圆，下面密被细毛；侧脉 10 对以上，网脉明显。

花黄色或带黄色条纹。果圆形，周围具翅，径 3 ～ 5cm。花期 11 ～ 12 月，果期 4 ～ 5 月。”

有人认为印度紫檀是花梨木，那么与赤血树和中国王朝视为权贵象征就相去甚远了。木种的争论从 1944 年古斯塔夫 · 艾克著《中国花梨家具图考》中就有明确记载，至今仍然是一个混沌不清的问题。

上海科学技术出版社 1977 年版《中药大辞典》：“紫檀 *Pterocarpu indicus* Willd，又名：榈木、花榈木、蔷薇木、羽叶檀、青龙木、黄柏木。乔木，高 15 ～ 25 米，直径达 40 厘米。单数羽状复叶；小叶 7 ～ 9，矩圆形，长 6.5 ～ 11 厘米，宽 4 ～ 5 厘米，先端渐尖，基部圆形，无毛；托叶早落。圆锥花序腋生或顶生，花梗及序轴有黄色短柔毛；小苞片早落；萼钟状，微弯，萼齿为宽三角形，有黄色疏柔毛；花冠黄色，花瓣边缘皱折，具长爪；雄蕊单体；子房具短柄，密生黄色柔毛。荚果圆形，

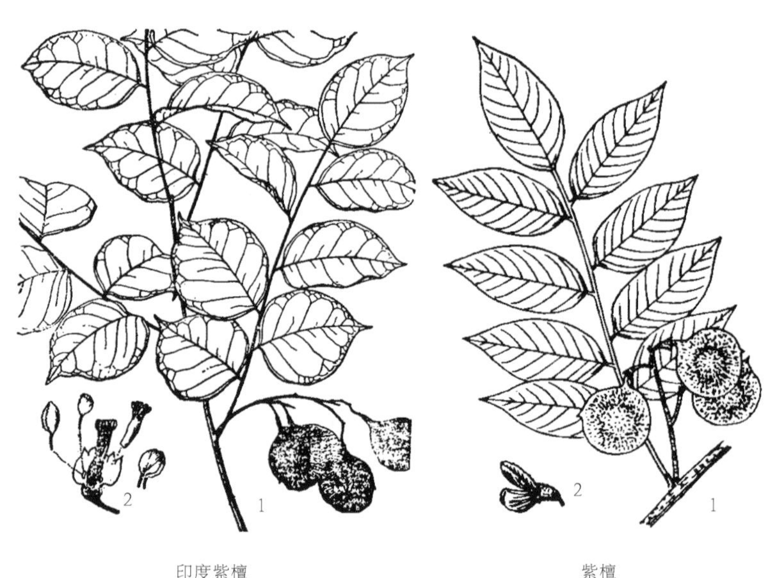

印度紫檀　　紫檀

1. 果枝　2. 花　　1. 果枝　2. 花

紫檀的果枝和花

偏斜，扁平，具宽翅，翅宽可达 2 厘米。种子 1 ～ 2。生坡地疏林中或栽培。分布广东、云南等地。

"药材通常为长条状的块片，长约 1 米，宽约 7 ～ 15 厘米，树皮及边材已剥除，内外均呈鲜赤色，久与空气接触，则呈暗色以至带绿色的光泽。导管带形，横切面成孔点，纵切面呈线条；有红色的树脂样物质，呈油滴状，散布于木纤维、柔细胞及导管中，易溶于醇。质致密而重。以水煮之，无赤色溶液。气微味淡。

"紫檀含紫檀素(Pterocarpine)、高紫檀素(Homopteroearpin)、安哥拉紫檀素(Angolensin)。同属植物 *Pterocarpus santalinus* L.f.，心材含紫檀红（Santalin)、去氧紫檀红（Desoxysantalin)、山托耳（Santol)、紫檀芪（Pterostilbene)、紫檀素、高紫檀素、紫檀醇(Pteroear-pol)。"

古斯塔夫 · 艾克著《中国花梨家具图考》："作者所见到的紫檀木家具显示出一种很沉重、纹理致密，富有弹性和异常坚硬的木料，几乎没有花纹，经过打蜡、磨光和很多世纪的氧化，木的颜色已变成褐紫或黑紫，其完整无损的表面发出艳艳的缎子光泽。"

王世襄先生著《明式家具珍赏》、《明式家具研究》、《锦灰堆》等专著有关紫檀与蔷薇木的论述："紫檀很少有大料，与可生长成大树的 *Pterocarpus santalinus*（注：檀香紫檀）生态不符，而与学名为 *Pterocarpus indicus* 的蔷薇木相似。美国施赫弗(E.H.Schafer）曾对紫檀做过调查，认为中国从印度进口的紫檀是蔷薇木。看来我国所谓的紫檀不止一个树种，可以相信至少有一部分是蔷薇木。"

顾永琦所著《紫檀之谜》一文谈到：紫檀与蔷薇木虽有相似之处，但不是同一木种。它们之间的最大区别在于是否有紫檀素。紫檀有丰富的紫檀素，水泡、水煮不会有紫红色素溶出，新鲜剖面均呈紫红黑色，管孔里充满硅化物。蔷薇木（牛毛纹紫檀）富含橙黄色素，无论新旧，水泡即有橙黄色素溶出，绝

檀香紫檀

牛毛纹紫檀

卢氏黑黄檀

三种木材的新鲜剖面比较

无紫色。新鲜剖面橘红色。S状管孔内少有硅化物，大多呈空置状，有蔷薇花香味。故宫倦勤斋紫檀木炕罩的裙板已有数百年，其不见光的地方现在仍呈比较鲜艳的红色，此即是蔷薇木的明显特征，这种红色不会自然转变成褐紫或黑紫。

一般来说，优质紫檀的特征为：要有一定的出材率；比重大；含油量高；色泽紫黑深沉。用印度产蔷薇木（牛毛纹紫檀）制作的家具，因空洞、严重开裂等缺陷，修补极多。海岛性紫檀（注：也有称檀香紫檀、犀牛角紫檀），经过磨光，数月后即产生深沉紫黑的缎子样光泽，其他木种罕有这种现象。其原因是紫檀本身富含的油胶物质渗到表面形成透明的膜所致，这与艾克先生书中所述紫檀状态一致。

上述众多文献记载，从科学和实事求是的角度来看，李时珍的《本草纲目》，江苏医学院编、上海科学技术出版社出版的《中药大辞典》，古斯塔夫·艾克所著的《中国花梨家具图考》，顾永琦先生所写的《紫檀之谜》（发表于《中国文物报》1990年4月28日）之所述与实物特征差异不大。其他的记述与真正的紫檀特征有太多矛盾的地方和疑点。

民间为区分不同品种的紫檀，有大叶檀、小叶檀之说，但古今文献均未见记载，特别是在比较权威的著作中从未提到大叶檀、小叶檀。

尊贵的紫色

前文说到紫檀的紫檀色素问题。为什么紫色那么重要呢？古人所称的紫色到底是什么样的颜色呢？在现代的色相环上，紫色是位于红色和蓝色之间的颜色。偏蓝的紫称为青紫；偏红的紫称为红紫。下图位于色相环左下角的四种颜色均称为紫色，这四种颜色的下两个可以称为红紫。在当代的人看来，紫色只是许多颜色中的一种，并没有什么希罕之处；但是，紫色对古代人来说，却是非常尊贵的，对紫色的这种看法一直延续到清代。

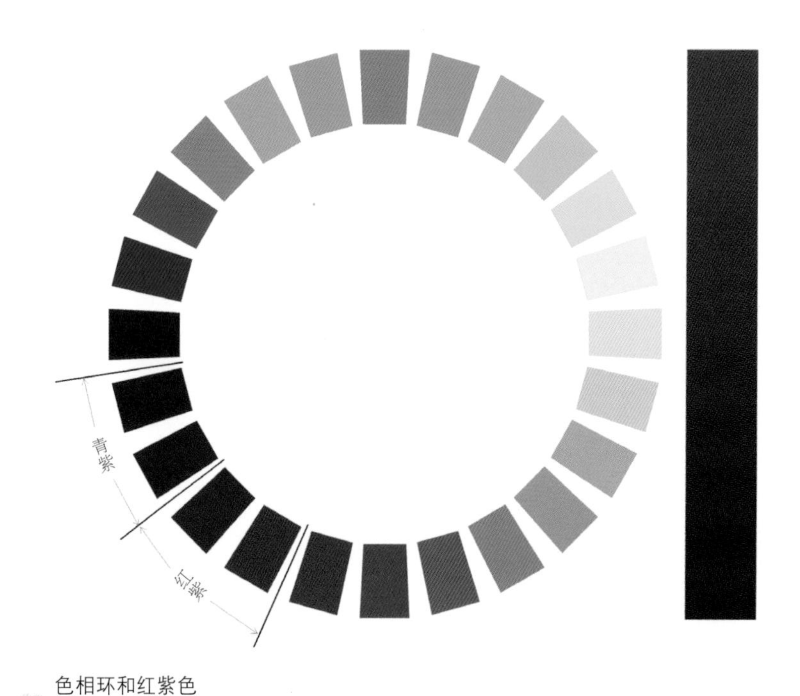

色相环和红紫色

紫色高贵地位的确定开始于战国。《韩非子 · 外储说左上》记载："齐桓公好服紫，一国尽服紫。"唐代服色等级严明，以法令形式规定了紫色地位。《唐六典》卷四："凡常服亦如之。亲王、三品已上、二王后服用紫，饰以玉；五品已上服用朱，饰以金；七品已上服用绿，饰以银；九品已上服用青，饰以鍮石……"只有三品以上，以及亲王、王后才可以使用紫色服装。

为什么当时是紫色，而非其他颜色作为最高级别的颜色呢？

主要原因是当时的紫色获得非常不容易。当时的红、蓝、黄、绿等都可以从自然界直接获得，但紫色是没有的。从宋代赵彦卫所著《云麓漫钞》卷十的一段记载就可以知道紫色是如何染出来的："孟子曰：'恶紫之夺朱也。'盖朱与紫相乱久矣。仁宗晚年，京师染紫，变其色而加重，先染作青，徐以紫草加染，谓之油紫。自后只以重色为紫，色愈重人愈珍之，与朱大不相类。淳熙中，北方染紫极鲜明，中国亦效之，目为北紫，盖不先染青，而以绯为脚，用紫草极少。其实复古之紫色而诚可夺朱。按《周礼义疏》：'以朱湛丹秫，三月末乃炽之。'（笔者注：原文见《十三经注疏·周礼·考工记》：'钟氏染羽，以朱湛、丹秫，三月而炽之，淳而渍之。三入为纁，五入为緅，七入为缁。'即以炊下汤所炊丹秫，取其汁。）又《尔雅》：'一染谓之縓，再染谓之赪，三染谓之纁。'士冠有朱纮之文，郑云：'朱则四入。'是更以纁入赤汁则为朱。《论语》：'君子不以绀緅饰。'纁入赤汁亦为朱，不入赤而入黑汁则为绀，更以此绀入黑则为緅，是五入为緅也；若更以此緅入黑汁则为玄也；更以此玄入黑汁，则七入为缁矣。则知古之朱，赤汁染之，紫与朱实相去不多，今之浅紫，其近之矣。"

上面这段文字的大意如下：孟子说："染坏了的紫色和红色相近。"人们分不清楚红色和紫色的情况已经持续很长时间了。仁宗在位后期，京城里染紫色，将颜色染得很深，先染成青色，再用紫草染，得到的颜色称为油紫。以后只以深色的作为紫色，越深越好，和红色完全不一样了。淳熙年间，北方染的紫色很鲜艳，中原地区也仿效，称为北紫。大概不先染青色，而是用红的作底色，用紫草极少。其实古代的紫色和红色是很接近的。《周礼义疏》中有用三月的朱湛、丹秫熬出汁液染布，染三次得到的颜色称为纁，五次称为緅，七次称为缁。《尔雅》中说："染一次得到的颜色称为縓，再染称为赪，三染称为纁。"郑玄注："染四次得到的颜色称朱。"

古代的紫色是用红色染料，通过反复浸染得到的。染到第四次的时候就是朱（近乎于大红），染到七次就是黑颜色了。所以古代的紫就是很深的红色，介于朱和缁之间，而古代所谓的浅紫与红就非常接近了。虽然文字记录了反复用红色染可以得到紫色，实际上染到紫色的成品率是比较低的。

这说明中国古代所认识的紫色是红紫，而不是偏青色的紫。如《全唐文》卷一百六十八有："又依旧令：六品、七品著绿，八品、九品著青。深青乱紫，非卑品所服。望请依旧六品、七品著绿，八品、九品著碧。"因为色彩很深的青色看起来类似紫色，所以唐代将原来八品、九品的深青色改为浅蓝色。同样说明，唐代所认可的紫是红紫。

这样，我们就有了对紫色的认识，被称为紫檀的紫一定是偏红色的紫，而不是橘红或橘黄色。也就是说，紫檀是一种很深的紫红，类似第16页色相环所示的紫色渐变下半部的深色部分。紫檀的紫色色素是判断紫檀的重要依据。

明清紫檀家具

今天谈及古代紫檀家具，主要指明清两代的紫檀家具。明清以前几乎没有什么紫檀家具遗存。中国家具制造到了明代有了巨大飞跃，主要体现在品种、样式、结构上都有了很大进步。今天的中国传统家具样式也主要是继承了明清两代家具的样式，称那些具有明代风格的家具为明式家具，具有清代风格的家具为清式家具。

（一）明代紫檀家具

明代建立于 14 世纪中叶至 17 世纪中叶。明代中期开始，商业得到迅速发展，至明代晚期，商业资本空前活跃。明代中国的人口增长了一倍多，并形成了地区性和全国性的商业网络。商业出口将国外的白银吸引到中国市场。明早期工匠实行“轮班”与“住坐”制，这种制度限制了工匠的人身自由，使他们的创造性不能积极主动地发挥。明嘉靖四十一年（1562 年），全国工匠实行缴银代替服役，其产品可以自由出售。商业的繁荣促进了家具制造业的发展，家具制作在技艺上、造型上均有飞跃的发展，被誉为中国家具史上的黄金时代。

明代还出了个木匠皇帝，这无疑对明代的家具业有着推动作用。《甲申朝事小记》记载，天启帝朱由校制造的漆器、砚床、梳匣等器具非常精巧，尤在雕刻上见工夫，作品施以五彩，精致妙丽，出人意表。无论是建造宫殿还是制作器具，朱由校都精益求精，要求严格，每制成一件作品后，先是欣喜，后又不满意，弃之，再做，乐此不疲。朱由校做了许多精美的器物。有时，他让宦官拿这些精美的器物到集市上去卖。有一次，朱由校让太监把他制作的护灯小屏八幅和雕刻的“寒雀争梅戏”拿到市场出售，得钱一万，天启帝龙心大悦。

吴宝崖在《旷园杂志》中记载，天启帝造出了四尺来高的一座小宫殿，玲珑巧妙。他的寝宫里常常堆满了各种木料，打造家具时往往夜以继日，根本不愿意花时间去会见百官臣僚，更不愿处理军政大事。天启皇帝对木匠活的痴迷和宋徽宗对书画的痴迷可谓不分上下，都因个人对技艺的爱好耽误了国事。

明式紫檀家具主要特点是采用木架构，造型简洁、秀丽、淳朴，并强调流畅的线条。明式家具以圆与圆弧为主体造型，即使是方截面，亦采“削圆”处理，平添“古朴”与“浑厚”的感觉。确立了以“线脚”为主要形式语言的造型手法，由此技法精心制作的紫檀家具给人的感觉古朴、清新。

我国古代工匠在榫卯结构上的造诣是举世公认的。明代匠师们设计出各种各样精巧的榫卯。在明式家具的构件之间，极少使用金属钉子，鳔胶也只作辅助，凭借榫卯就可以做到家具各个部件连结合理，结构坚固，拆装与维修方便。数百年的变迁，传世的明代家具仍然牢固，可见明式家具的榫卯结构既具美观性又有极高的科学性。这种工艺精确程度，体现出先人的智慧。

多数明代紫檀家具注重个体与整体造型协调，局部与局部的比例关系，部件的高低、长短、粗细、宽窄均因平衡而美，因匀称而协调。在线条的运用上，明式家具多使用流畅的曲线和直线搭配，圆与方的搭配，显示出刚柔并济的表现技巧。

明式紫檀家具中极少见到装饰繁琐的作品，虽然那时已经有非常丰富的装饰手法。繁简适度的装饰，是明式紫檀家具的另一特点。这些家具在制作时根据整体要求，作恰如其分的局部装饰，或雕、或镂、或嵌，但从不贪多堆砌，不曲意雕琢，所以，明式家具的整体风格保持了空灵清秀的视觉感受。

我们今天所见到的明式家具，紫檀家具的数量显然大大少于黄花梨的。王世襄先生所著《明式家具珍赏》所展示的也多为黄花梨家具。其中的原因可能有两个：首先，当时紫檀木材的量比较少，价格昂贵，只能为皇家贵族所拥有。第二，当时

刚刚从国外进口的大量紫檀木多为新鲜原材，木材潮湿，需存放很长一段时间，待木材自然风干后才能做家具。因为留存的明式紫檀家具稀少，所以，明式紫檀家具在级别较高的拍卖会上，总是以天价拍出。

（二）
清代紫檀家具

传世的清代紫檀家具要远远多于明代。其原因主要是清代宫廷采取了对紫檀使用的垄断制度，客观上造成了清初宫廷中紫檀原材的富足，加上清廷对紫檀的极力推崇，造就了清代紫檀家具的辉煌。

清前期制作紫檀器物的原材，多为明末的库存。同时，清政府将紫檀作为宫廷家具的首选用材，更是派员到各地督办，将紫檀一一收归宫廷。到了清末，紫檀的数量已急剧减少，自然及人为的原因使紫檀变得越发珍贵。清廷对紫檀格外珍视，对其使用有着相当严格的控制，也因此采取了一系列的保护措施。清宫中的档案对此有明确记载。清皇宫中所存紫檀余料，一说是慈禧太后六十大寿时全数用尽，另一说是袁世凯称帝时用尽。

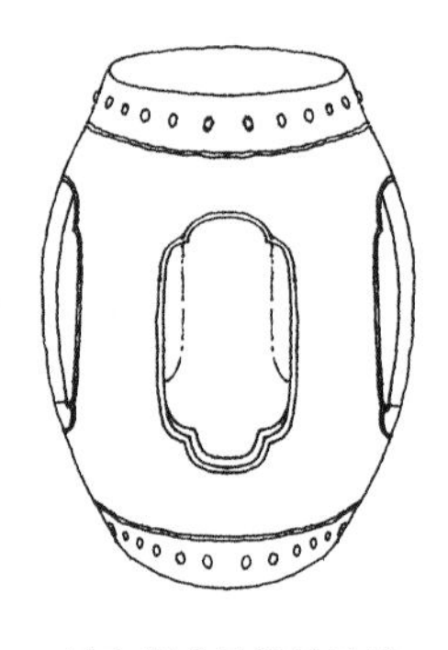

具有明式风格的鼓凳

具有清式风格的鼓凳

清代民间几乎没有紫檀木货源，就算有能力承受紫檀制作家具的高额费用，也无法获得紫檀木材，所以，清代紫檀家具风格就是皇室家具的风格。

清式家具，从其风格特点上看，大致分为三个阶段。

第一阶段，清前期，“明风依旧”。康熙以前的紫檀家具，大体保留着明式风格，以致现在已不容易判断其确切年代。清初的紫檀木尚不短缺，不少家具还是用紫檀木制成的。苏制风格因其明式特征举世闻名，但其制作也相对较为保守，已渐渐不能满足统治阶层及社会时尚的需要，客观上要求有新式的家具取而代之。

第二阶段，清中期，“清风尚丽”。到了清雍正时，皇帝加强了皇帝集权，繁荣了经济，为家具业的兴盛提供了有利条件。雍正在位期间，造办处为皇宫承制了许多精品紫檀家具。许多贵族文人包括皇帝自己也都参与了紫檀家具的设计。这时的紫檀家具制造业中高手辈出，成为创作活跃的重要历史时期，当今，一些传世的清代紫檀家具，结构考究，用料精选，做工精细，装饰华美，富于变化，属清式风格且无繁琐之弊，是清时艺术价值最高的作品。清乾隆时期的家具，尤其以宫廷家具，在用料与工艺上不惜工本，已达无以复加的境地，并不断创新，着重与各种工艺品相结合，如以金、银、玉石、宝石、珊瑚、象牙、珐琅器、百宝镶嵌等不同质地装饰材料。据资料记载，乾隆皇帝对紫檀非常重视喜爱，如同其醉心于所有古董、艺术品般，积极地参与了造办处的家具设计、制作以至修改，这些方面皆有涉及家具制作的旨意。此时宫中家具的制作深受乾隆皇帝审美观点的影响，件件制成的家具都留下了他的思想和情趣的烙印。

第三阶段，清末，“难拾清风”。清乾隆后期，对紫檀家具的追求过分奢靡，走向了极端，在家具上增加了过多非功能性的装饰部件，显得繁琐累赘。不同的阶段，折射出当时社会政治、经济背景及清上层社会的思想特征及气质。

清式家具和明式家具在造型艺术上的风格截然不同。清式家具以豪华繁缛为风格，其骨架坚实，浑厚，方直造型多于明代曲圆设计，题材多变创新；有时整体光素坚实，而局部又加以细腻雕刻，品相、式样均殊于前人所设计的风格。同时，清式家具在外形上大胆创新，变流畅为肃穆，化简素为雍贵。在设计装饰风格上，明式尚意，受当时人文环境背景影响；而清式注重形式，呈现清代另一番风格思想，各富其美。清中后期家具唯形式轻功能，是满人文化的强制而造成的一种颠倒。

从乾隆朝开始的紫檀家具，受外来文化的影响颇多。颐和园里的紫檀家具受外来影响最为明显。当时的工匠将欧洲罗可可以及新古典样式的装饰元素直接加到中式造型和结构的紫檀家具上，形成颇为奇异的中西合璧的样式。

紫檀家具的衰落与清王朝的兴衰相伴。到了清末，紫檀木已奇缺，但清宫廷对紫檀的奢侈追求仍然不改。广式做法是清廷紫檀家具的主流，材料耗费相对严重。经过火烧圆明园和多次动乱的洗劫，清式紫檀家具毁多存少，因此，在今天的拍卖市场上，清代紫檀家具极其昂贵。

紫檀家具的流派

清代各地家具形成了各自明显的特色，有晋式、苏式、广式、宁式、京式等流派。使用紫檀作为主要材料的主要有苏式、广式、京式三个流派。而这三种流派鼎立是清代宫廷喜好的结果。清代宫廷采购了大量紫檀木材，提供了物质基础。如《养心殿造办处各作活计清档》记载："乾隆十一年八月二十六日，司库白世秀为备用成造活计看得外边有紫檀木三千余斤，每斤价银二钱一分，请欲买下，以备陆续应用等语，启怡亲王回明内大臣海望，准其买用，钦此。"

（一）苏式家具

明代官府、富家宅邸用的家具很多来自苏州、扬州和松江一带，这个地区是明式家具的发源地，这些家具被称为苏式家具。苏式家具素洁文雅，线条流畅，尺寸合度，较少雕刻、镶嵌，即使雕刻也面积较小，大面积雕刻少见。镶嵌材料多为玉石、象牙、螺钿等。苏式家具制作多采用一木连作，上下贯通。大器物多采用包镶手法，杂木为骨架，外面粘贴硬木薄板，这样可以节省材料。苏式家具惜木如金，苏南地区的硬质木材来源和当时的广州、北京相比要困难得多，因此，苏派工匠们用材要精打细算。

苏式家具的装饰常用小面积的浮雕、线刻、嵌木、嵌石等手法，题材多取自历代名人画稿，以松、竹、梅、山石、花鸟、山水、风景以及各种神话传说为主。其次是传统纹饰如海水云龙、海水江崖、二龙戏珠、龙凤呈祥等。折枝花卉亦普遍喜用，大多借其谐音，寓意吉祥。

清早期还流行苏式家具。清初时，清廷的家具主要来源是向产地采办，康熙年间还是沿明朝旧制从苏州地区采办。雍正后，新兴的广式家具得到统治者的青睐。苏广两地进贡的精品家具数量巨大，仅乾隆三十六年（1771 年）就有两江、两广、江宁、两淮等九处向宫内进贡达 150 件之多。雍正、乾隆两朝，家具风格急速向富丽、繁缛方向转变。苏式家具逐渐失去主导地位。苏式家具开始从官向民的转化，为了适应市场，吸取广式家具的工艺，习惯上称之为“广式苏作”。与广制家具风格相比，苏制家具的风格更多地保留了中国家具的传统形式。

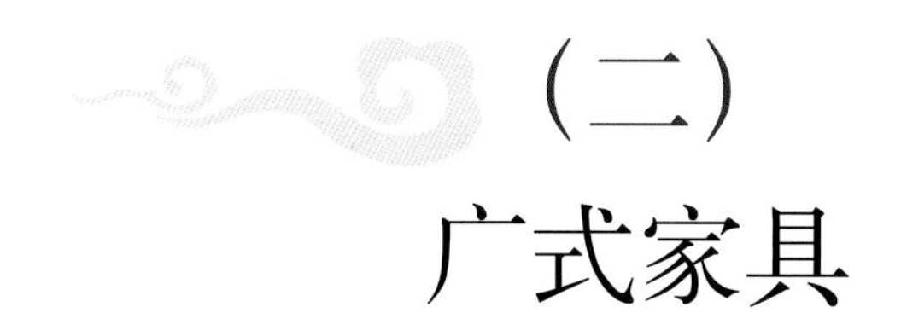

（二）广式家具

广州在明清两朝就是我国海外贸易的重要港口，南洋各国优质木材源源不断通过广州进入大陆。广东木材充裕，使得广州的家具制造业迅速发展起来。广式家具有能力追求用料上的粗硕气派。雍正、乾隆以后，上层社会追求豪华气派，喜欢大尺寸的家具，广式家具正好迎合了当时的风气，因而迅速取代了苏式家具的地位。

清中期西方文化大量传入中国，不少广式家具在造型、装饰上模仿西方式样，如多使用束腰状、三弯腿足。装饰图案直接取材于当时流行的西式纹样，如西番莲纹样。西番莲的花纹线条流畅，以一朵花或几朵花为中心向四围伸展枝叶，且大都上下左右对称。

广式家具雕刻的面积宽广而纵深，并注重镶嵌技艺。镶嵌的材料形形色色，通常有玉石、大理石、珐琅、螺钿、金属、象牙、玻璃等。镶嵌作品多为插屏、挂屏、围屏等。广式家具的装饰题材非常丰富，有相当数量的传统纹样，如松、竹、兰、梅、菊、葡萄、鹤、鹿、狮、羊、龙、蝙蝠等，还有云纹、夔纹、海水纹等。广式家具浑厚凝重，全身布满雕饰。

乾隆初年，清宫造办处专门设立了“广木作”，专门承担木工活计。清宫将广木作单独列出，这或许是当时皇宫内木匠之间斗争、磨合的结果。在皇宫造办处里，工匠主要来自广州和苏州，广苏两地的工匠似乎一直未能融洽相处。苏广两个流派的制作观念差异较大,工艺手法也不尽相同。广州木匠推崇“用料唯精”，而苏州木匠却讲究细巧。广式家具风格更能显示皇族的威严与气派，最终被皇家所接受。传世的紫檀宫廷家具广式居多。广州木匠承做的重要活计较多，得到的赏赐也多些。苏州木匠在宫廷中可能最终被排挤。

广州的木匠在宫廷中之所以受宠，是因为其制作的家具风格受西方文化的影响较大，形成了独特的风格。广州由于特定的地理位置，能很快受到先进的技术及西方美学观念的影响。它大胆地吸取西欧豪华、高雅的家具形式，其艺术形式从原来讲究精细简练的“线脚”转变为追求富丽、豪华和精致的雕饰，同时使用各种装饰材料，融合了多种艺术的表现手法，形成其广式风格。广州木匠在制作家具时，在用材上很讲究木质的一致性，一般一件紫檀家具完全以紫檀木料制成。为了展示紫檀天然的色泽和花纹，打磨后直接以榫卯相接，不进行任何油漆，使木质完全裸露。这些独特的风格尤其受到清宫廷和官绅、文人的喜爱和提倡，所以这一时期，广州木匠名工辈出，清皇室从他们中挑选优秀工匠到皇宫。现存于北京故宫博物院的六件“双鼎紫檀大柜”，便是清乾隆年间广州工匠的精心杰作。

（三）京式家具

拥有紫檀原材最丰富的首推京城，京城中也只有皇宫才最具实力去制作价格昂贵的紫檀家具。当时的京制家具几乎成为紫檀家具的主流。京城制作的紫檀家具，从某种程度上反映了当时皇宫贵族的喜好，同时，又因为京城是全国的经济文化中心，各地的能工巧匠也被聚集在此，这些工匠也将自身的制作风格融合到京制家具的制作之中，所以说京制紫檀家具是最具代表性的紫檀家具。当时宫廷制作的紫檀家具是为满足皇室需要，充实宫殿、园林和行宫，主要由“内务府造办处”承制。造办处单独设有苏木作和广木作，专门承担木工活计。

京式家具，以清宫宫廷作坊如造办处、御用监在京制造家具。京派家具是从苏、广两派的基础上产生的。它在装饰手法上继承了历代的工艺传统，并有所发展。京式家具线条挺拔、质朴、自然明快。因宫廷造办处财力、物力雄厚，制作家具不惜工本和用料，装饰力求豪华，镶嵌金、银、玉、象牙、珐琅等珍贵材料，使京式家具“皇气”十足，形成了气派豪华及与各种工艺品相结合的显著特点。宫廷里的京派家具，家具雕刻装饰的范围增加，其造型呈现雄浑、稳重、繁缛与华丽的风格。将青铜器纹样应用到家具上，常用的纹饰有夔龙、夔凤、螭纹、兽面纹、蝉纹与回纹等。

晚期的京式家具延伸到民国。后期的京派工匠，一些粗活工匠，对这一时期的京式家具偷工减料，失去了真正京式家具的“味道”和价值。

地区性的差异反映了中华民族文化的多样性。京制的家具倾向粗犷的风格，承载了西北文化的影响，同时又不失唐、宋、元以来的保守的传统，表现出鲜明的宫廷风格；苏制家具则尽显细致典雅，反映了当地所著称的自由人文精神；广东地区的家具用料厚实，华丽、稳重、精巧是其追求的目标。所有这些构筑了中国明清家具，尤其是紫檀家具的辉煌。

传统家具的结构

中国家具结构受建筑结构的影响而逐渐完善，中式家具的框架榫卯结构就是模仿建筑的架构方式，如金属加固件、束腰、壶门等也是模仿建筑样式而来。中国木工所追求的力学与艺术的结合体现在家具和建筑构造当中。

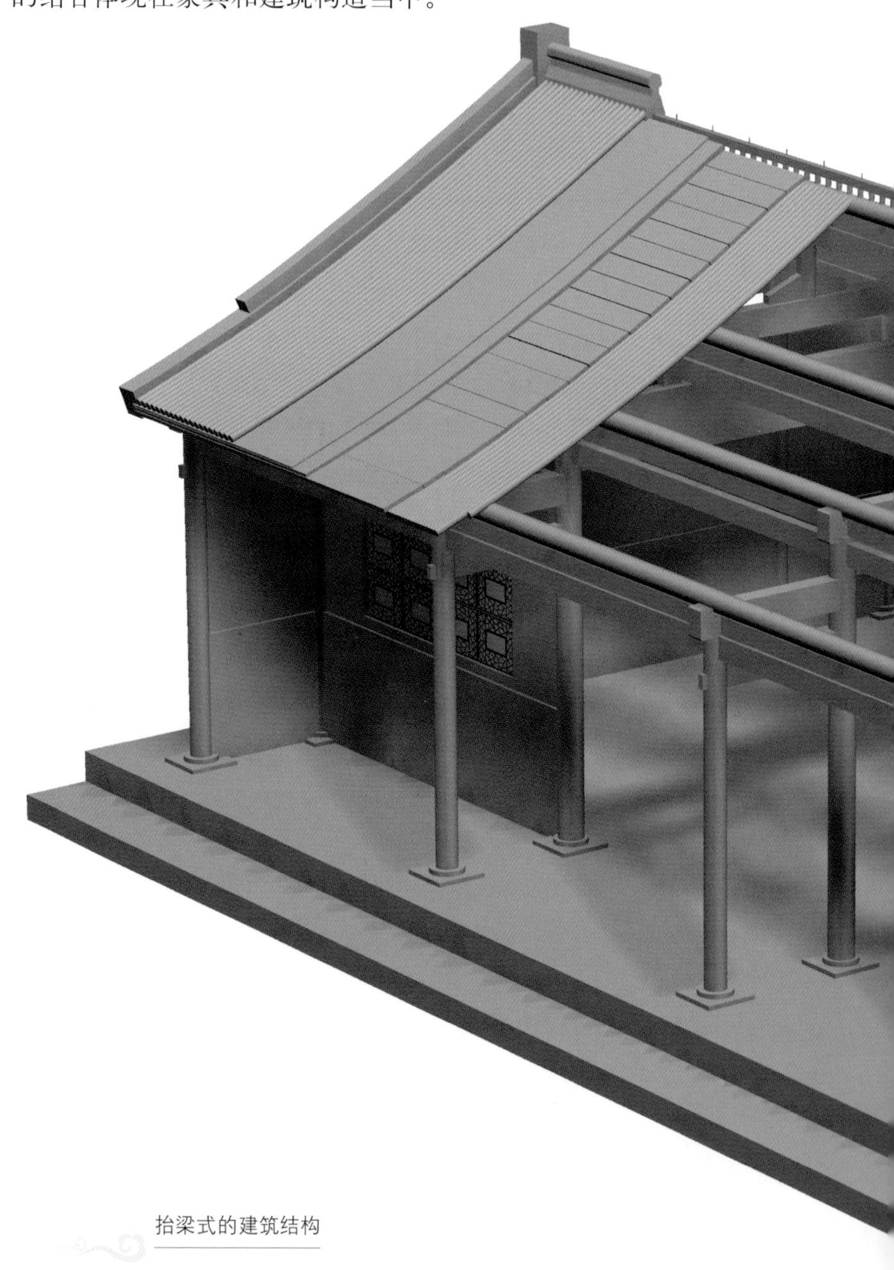

抬梁式的建筑结构

中国古代建筑的结构方式以木架构结构为主，有抬梁、穿斗、斗拱三种洞的结构方式。抬梁式是使用范围最广的一种结构形式。抬梁式木架构在春秋时期已初步完备，之后逐渐完善为成熟的结构。这种结构的建法是在石础上建立柱，柱上架梁，梁上再重叠柱和梁，在一组组平行架构之间用檩来连接。房屋的屋面重量通过椽、檩、梁、柱传到基础，达到稳定结构的目的。穿斗式木架构的立柱距较密，为使用抬梁，将檩所承担的重量直接作用在柱上，有将穿斗式和抬梁式混合使用的例子。

这种构造方式被家具借用，使用同样框架搭建的方式。用矮老和罗锅杖将来自上面的力量分

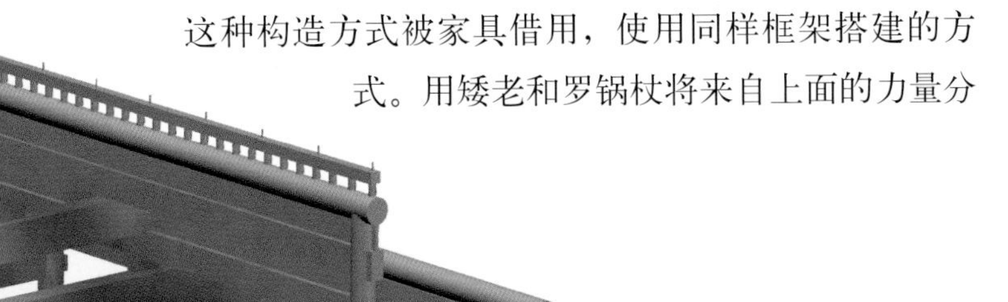

解、传递到家具的腿部，这和椽、梁、檩、柱的作用是一样的。架子床的制作方式几乎是穿斗式和抬梁式结合的翻版。

建筑中常用的金属加固件移植到紫檀家具中，同样起到加固与变化的双重作用。在圆角柜、马扎、床等家具上都可能会用到金属构件，这种构件在宋代的画中可以见到。铜的亮黄金属质感和紫檀的深沉颜色形成很漂亮的对比关系。

有的传统家具直接运用建筑中的样式，甚至名称都和建筑一样，只是有的名称因为久远而不为人所知。如，桌、几、凳等家具上的束腰样式来自于佛教建筑上的须弥座样式（见王世襄先生著《锦灰堆》）。再如，家具上的壶门名称也是来自于佛教建筑。

明清时期家具发展成熟的标志之一是榫卯结构的高度成熟。中国古典家具在各个部位的接合处使用榫结构卯合，榫结构成了中国传统家具文化的重要特色之一。榫结构牢固并且省料，良好的榫结构在接合部位甚至都不易看出。榫结构最初是借鉴建筑中的营造方法而发展起来的，结构件之间的接合只要少量使用黏合剂即可，可以不用一颗钉子。针对不同的结构位置，有各种不同的榫。例如：板材结合使用“燕尾榫”、“明榫”、“闷榫”；横竖材结合使用“格角榫”、“穿鼻榫”、“插肩榫”；霸王杖使用“勾挂榫”，桌案上使用“插榫”等。

两块薄板拼合时常用“龙凤榫”，即用榫舌和榫槽拼接，这种样式可在现代实木地板中见到。薄板拼合后，为增加牢度、

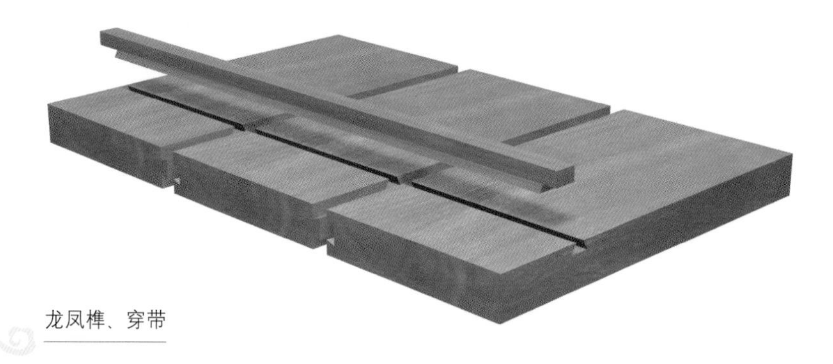

龙凤榫、穿带

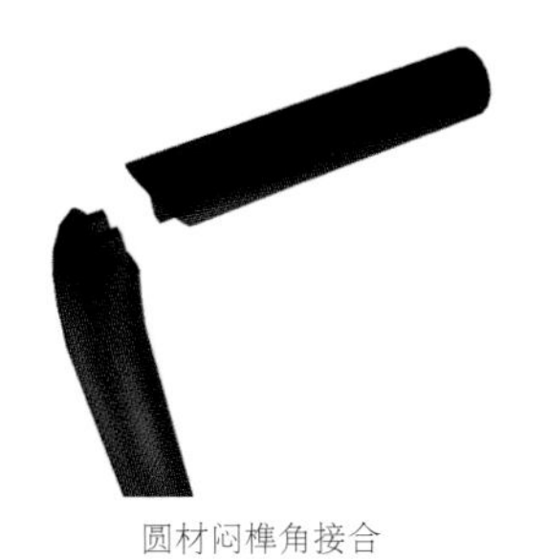

圆材闷榫角接合

楔钉榫

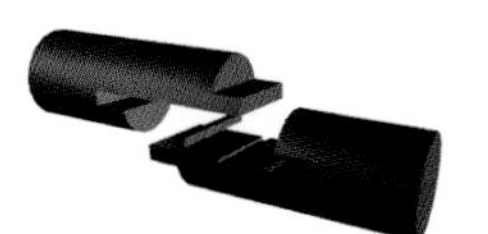

楔钉榫

夹头榫

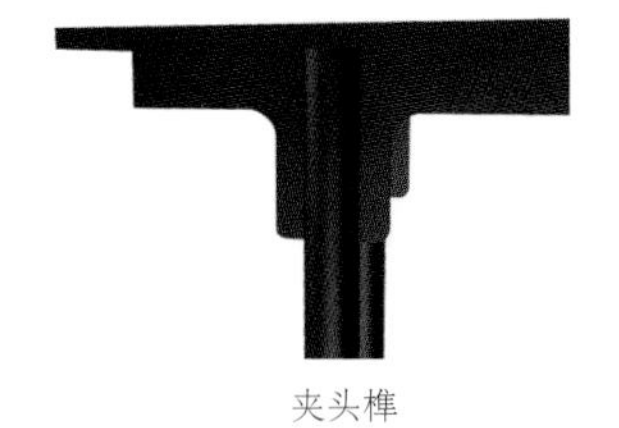

夹头榫

圆材闷榫角接合

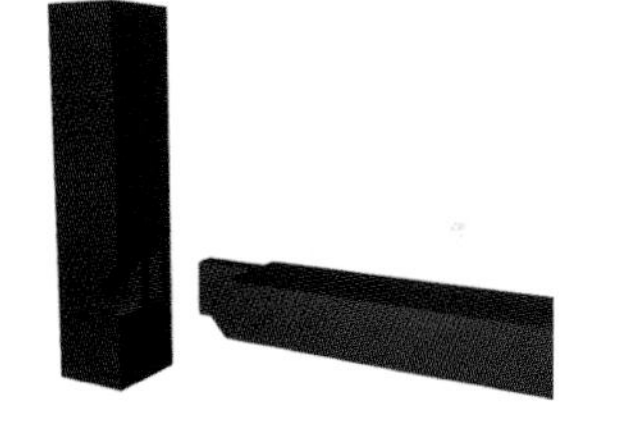

方材丁形接合

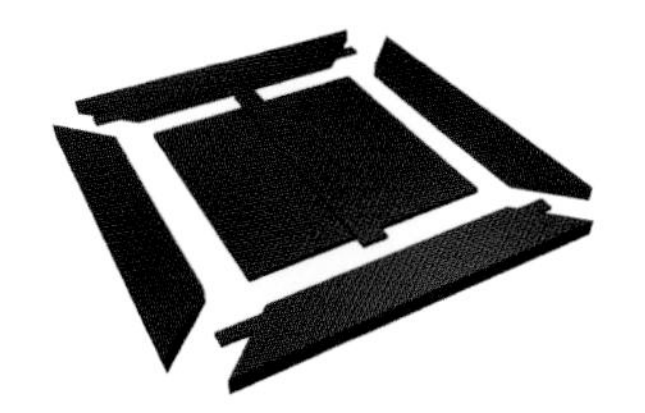

攒边打槽装板

圆材丁形接合

各种榫结构

防止其弯翘，在反面开槽，将梯形长榫格穿入，称为“穿带”。这种榫称为“燕尾榫”。厚板的直角接合处常使用闷榫角接合和明榫角接合。明榫接合比较粗糙，常用在看不见的地方，如抽屉的拐角处。有的匠师技术高超，能将很薄的板用“闷榫”接合。

家具的很多地方都会出现横竖材的交接，如扶手椅的搭脑和后腿、扶手和前后腿、管脚枨与前后腿的拼接都会使用“格肩榫”。圆材接合，横材细、竖材粗，可在竖材的中心接合，也可在竖材的边上一点接合，后者可以使横材的一面与竖材的一面平，类似后者这样的接合称为“飘肩”。方材接合时因为款式的需要会产生“大格肩”和“小格肩”的样式，横材穿透竖材的情况称为“透榫”，否则为“半榫”。多数家具为了不露痕迹都采用“半榫”，少数家具出于款式考虑，不仅采用“透榫”，还会故意伸出去。

古人为了让桌面下没有横枨影响腿脚的活动，设计出“霸王枨”，取代横枨的固定作用。霸王枨上端用木销钉和桌下的

霸王枨（三维模型）

椅子部件图

“穿带”相连固定，下端使用“勾挂榫”和桌腿相连，腿上的榫眼为直角梯台形上小下大，榫头也为这种形状上翘，纳和榫眼后，下面空当垫入木楔，杖子就被卡牢，不会退出。如果先拔去楔子，又可将杖子拿下。

紫檀家具在弧形弯材结合处常常难以找到接缝，这就是“楔钉榫”的作用。圈椅上的椅圈就是用这种榫将几段弧形木料连接起来的。先在木料两端做两片合掌式的形状，头部再做槽和舌头，互相抱穿后，不再移动，在搭脑中部凿方孔，将头粗尾细的方形楔钉插入，两段弧形就连成一体了。

北宋时的案子上已开始使用“夹头榫”，明代这种榫结构发展得很成熟，并有多种变异。基本制作是在案腿上打槽，顶端再做嵌入桌面底部的榫头，将牙板和牙头夹在槽中。这种榫结构还按照家具款式做出各种造型。

还有一种特殊榫件，用于装在可拆开的构件之间，推上这种“走马榫”将两个物件固定，拉开就可以拆开两个部件。有的明式家具做完后在榫部位钻孔，插入细长木头，将榫头固定住，称为“关门钉”。制作好的榫头是无须用“关门钉”固定的。

传统紫檀家具的装饰

中国传统家具的装饰手段大致有雕刻、镶嵌、金属配饰等。因流传下来的紫檀家具数量有限，以及现有紫檀家具雕刻题材有限，为了较为清楚地说明传统家具的装饰手段，本处所列图片也有部分来自于其他硬木制作的家具。

（一）雕刻

家具上的雕刻方式有三种：浮雕、透雕和圆雕。如果按凸起或凹下分，可以分为阳刻和阴刻。凸出为阳，凹下为阴。如果按装饰样式来分，可以分为纹饰和线脚，纹饰指雕刻花纹，线脚指装饰在家具边缘等部位的阴阳线。

明代家具上的雕刻讲究意味，雕刻纹样以少胜多，按现在流行的说法就是简约。在与整体协调的前提下增加情趣。当下能见到的明代紫檀家具雕刻多灵巧别致，线条流畅，讲究少而透气。清代的紫檀雕刻的技法更加成熟，走向繁复装饰的极端。清代流传下来的紫檀雕刻实物比较丰富，可以很清楚地看到清代紫檀雕刻的变化过程。

清代紫檀雕刻按其风格发展可以分为三个时期：

第一，仿明时期。清代早期的紫檀家具从外形到雕刻都效仿明代家具，所以很难断代，只能说是明末清初的紫檀家具。这时雕刻还是讲究意境高远、线条流畅和装饰巧妙。

第二，富贵时期。清代中期是中国经济最为强盛的时期，皇宫可以收集到大量的紫檀，有大批的能工巧匠来制作紫檀家具。这时的清统治者好大喜功的特性也反映到紫檀家具的制作上。他们常将家具雕得密不透风，显示出皇家的富贵气派。那时紫檀家具的腿足、扶手处理成圆雕，这在明代的家具中不太多见。这个时期的家具雕刻有的还融合了西洋风格。西方的传教士以及画家将西方的巴洛克及洛可可风格的纹样传到中国，它们极富西方贵族色彩。清末宫廷将这些纹样用到紫檀家具的雕刻上，形成了独特的样式，所以，当时的紫檀家具也常采用舒卷的草叶、蚌壳、蔷薇、莲花等西洋图案的雕饰。

第三，衰落时期。清末大清帝国的内忧外患越来越严重，国势的衰落也体现在紫檀雕刻上，虽然还是满雕，但拼凑的成分日益明显，紫檀上的纹样也如帝国一般疲惫。即使是龙纹也全无当年的神彩，显得臃肿乏力。

1．浮雕和阴刻

浮雕也称凸雕，一般是将纹样周围铲低并铲平，使纹样相对抬高；并对纹样作高低处理，显出层次。浮雕又有浅浮雕和深浮雕之分，浅浮雕指凸起和凹下的落差比较小的雕刻方式，落差比较大的就称为深浮雕。这种工艺的难度在于将凹下的部分尽量做得平整，术语称为“铲地”或“半槽地”。当雕刻的图形面积比较大或纹样较复杂的时候，铲地工艺的难度就较大。所谓地的部分，手抚之，应无高低起伏之感。

明代四出头官帽椅椅背浅浮雕

如上图所示是明代四出头官帽椅椅背上的浅浮雕，雕莲花纹样，外形仿莲瓣形，纹样内部顺曲线作卷草，中间供一莲花形，造型灵动，和黄花梨木纹相得益彰。此浅浮雕不追求纵深层次，主要表现线条变化。

明代妆盒仿青铜器龙纹浅浮雕

再如上图所示一个明代妆盒上的龙纹浅浮雕，纹样仿青铜器纹饰。龙形呈硬角回转，卷曲云纹在转角之间起到调和作用，造型古朴。铲地面积较大，凸起部分打磨得圆滑润泽。不过，此雕刻更像清代的雕刻，清代流行复古纹饰，不仅在家具，在瓷器、织绣等纹样设计上多采用仿青铜器纹样。

一些家具上偶尔也会用深浮雕装饰。使用深浮雕的区域，木材用料要厚大，才有足够的空间施展雕刻。上海博物馆陈列的一张清代紫檀多宝阁，在其足部用深浮雕层层叠叠雕兰花纹饰。如下图所示，空谷幽兰在风中摇曳，花叶转折翻滚，前后层次分明，雕刻者随势造型，用自然主义的写实手法在不大的空间里营造了立体感很强的场景。

清代紫檀多宝阁足部深浮雕兰花

和凸雕相反，刻入木料、凹下的纹样称为阴刻纹。阴刻多用于线脚装饰，家具上偶尔也见文字阴刻。如下面这张图，上海博物馆陈列的紫檀画案侧面，阴刻有行书款式，记录此案的收藏信息。其原收藏者大致是效仿绘画收藏在藏品上题款留印的纪念方式。不过，在家具上留款的做法相当罕见。

明代紫檀插肩榫画案上的阴刻款识

2．透雕

透雕是指将木料镂穿的雕刻技法。椅背、床的牙板等家具部位常用透雕装饰。透雕穿透木料产生的镂空和图形本身形成虚实对比关系，图形可以显得生动并具有纵深感。

上海博物馆有一张明代架子床，大量使用透雕装饰。如下图所示，装饰于床栏之间的透雕龙饰，造型婉转轻盈，龙形与卷草互变，设计巧妙，充满情趣。实体纹样上用阴刻线条随势而走，强化转折，增强动感。同样是这张床的前部饰板，用了透雕麒麟纹样，用如意云头造型构造了一个椭圆空间，在内营造了卷云纹、山石和回望的麒麟。因为大量使用透雕，架子床体虽大，却显得空灵轻巧，绝无笨重之感。

明代黄花梨架子床上的透雕云龙纹

明代黄花梨架子床上的透雕麒麟纹

3. 圆雕

圆雕指雕刻完全立体造型的技法。圆雕需要表现对象的各个角度，可以较为真实地表达对象。家具上使用圆雕技法比较少见，因为家具毕竟是用的功能大于看的功能。圆雕需要更大的材料和工作量。在清朝宫廷家具上可以见到一些圆雕装饰，无论是朝贡的，或是宫廷自造的，不惜工本制作繁复雕饰。如图所示清代紫檀多宝阁上部，雕刻了一只展翅腾飞的凤凰，凤凰翅膀以上的部位都是立体圆雕。凤凰尾部和掀起的云纹，用透雕的技法。翅膀用了极写实的手法，似乎这只凤凰即将飞出，整个场景栩栩如生。

上海博物馆展示的一张紫檀西番莲卷草龙纹宝座的托泥全部雕刻为卷草，卷草纹不再是在二维空间铺开，而是绕着圆柱中心向各方向展开，似乎可以看到藤蔓正在爬行的动感。这种在整个家具上进行繁复而精细的圆雕需要耗费大量工时。

清代紫檀多宝阁局部圆雕凤凰

清代紫檀西番莲卷草龙纹宝座

4．线脚

线脚一词是建筑用语，和家具上的线造型有着一致的意思。线脚是通过线的高低而形成的阳线和阴线，以及面的高低而形成的凸面和凹面来显示的。面有圆方，线有宽窄、疏密，因此就形成了千姿百态的线脚。线脚是几乎所有紫檀家具都使用的装饰手段，即使是最朴素的家具也会用得到线脚。线是装饰的基本元素，有着引导视觉方向的作用。明式家具虽然雕刻比较少，但线脚样式却有无数。因为这些线条的存在，才使得明式家具看起来更为流畅，而不显单调。

线脚基本上是纯粹的装饰手段，并不具有实用性。有一种线脚，同时具有一点实用功能，例如桌面上会有一圈挡水线，线脚之外桌面四周略高于桌面，用来防止桌面上的水溢出。

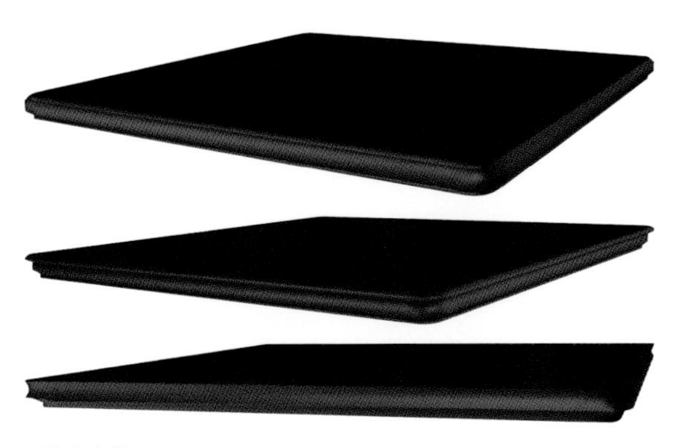

三种冰盘沿

木工中会用到一些术语来描述这些线脚。例如，冰盘沿是指家具的边框上的线脚部分（上下对称和不对称都可称为冰盘沿）。边框的长边称为“边抹”，短边称为“抹头”，凸面称为“混面”。

常见的一些线脚有“灯草线”、“两炷香”、“皮条线”、“倭角线”、“甜瓜棱”等，还有许多无法称呼的线脚，各种线脚的造型如图。

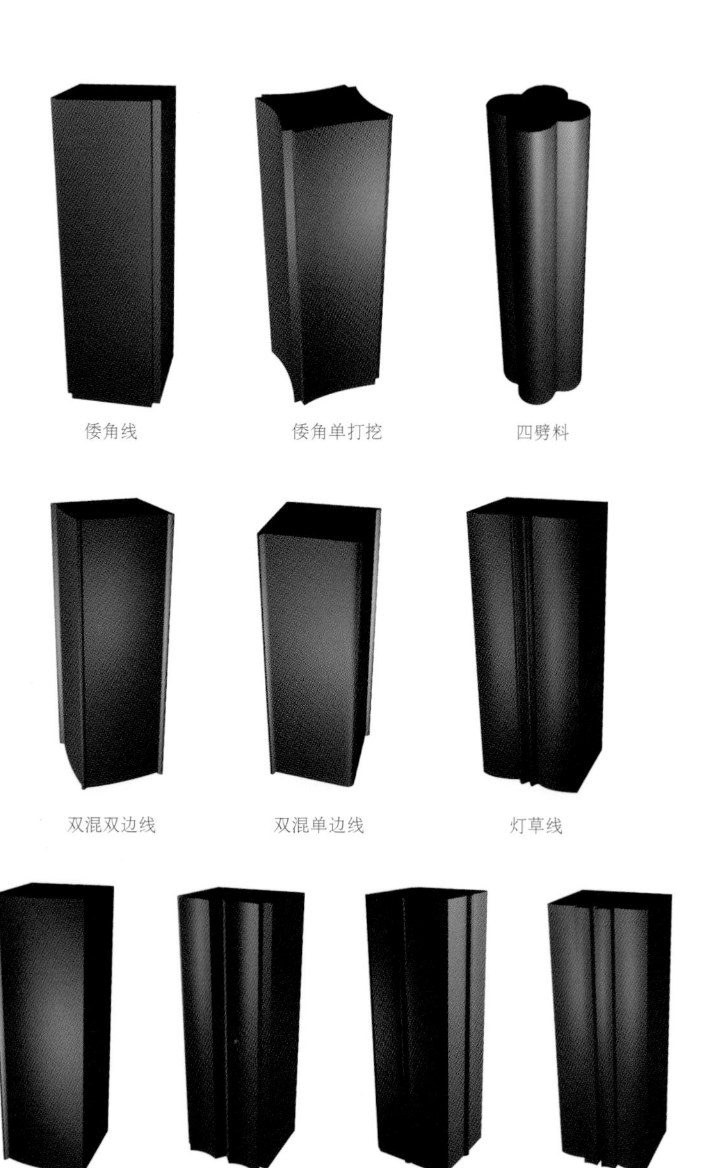

各种线脚造型

清代家具中的线脚样式非常多，但是清代家具往往装饰繁多，人的注意力被繁杂的雕刻吸引，容易忽视其线脚的存在。相比之下，较为朴素的明式家具上的线脚，倒显得自然贴切，少了反显得单调。

（二）镶嵌

家具镶嵌一般用螺钿、水晶宝石、大理石、珐琅等材料。镶嵌装饰多见于清代家具，即使是一般家用的床、橱、椅、屏等家具上，也多见大理石镶嵌。

藏于日本正仓院的唐代紫檀镶螺钿琵琶，是难得一见的早期紫檀镶嵌孤品。琵琶的正面镶嵌一个骑着骆驼的胡人弹琴图，背面镶的是富丽的花卉以及云纹造型。整件琵琶装饰极精细，从饱满生动的装饰造型上，今天的我们依然可以感受到浪漫、壮美的盛唐气象。

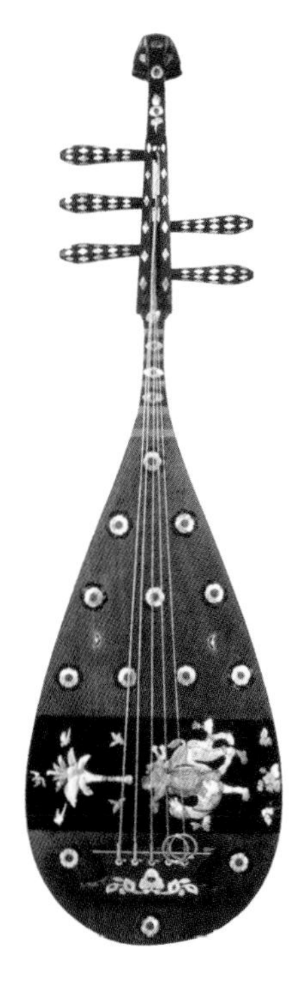

唐代螺钿镶嵌紫檀琵琶（选自《中国工艺美术集》，高等教育出版社，2006）

上海博物馆有一张紫檀木束腰珐琅面心方凳，凳体为紫檀木，凳面镶整块珐琅。珐琅为音译，指来自西洋地区的搪瓷镶釉工艺品。珐琅是与陶瓷釉、琉璃、玻璃等质地类似的硅酸盐类物质。中国人将附在瓷器表面的称为釉，在建筑瓦件表面的称为琉璃，在金属表面的称为珐琅。这件珐琅为淡青色面，密布纤细的洛可可卷草纹饰，纹饰为粉色。凳体纹样则是仿青铜器回形文。这种中西合璧的纹饰搭配常见于清代宫廷家具。

清代紫檀木束腰珐琅面心方凳

清代宫廷用水晶宝石镶嵌的家具也比较多见。下面的图是上海博物馆展示的紫檀屏风上的宝石镶嵌画，仿宋宫廷工笔花鸟画风，描绘庭院小景，大片空地，疏密相间。表现牡丹、梅花、喜鹊等吉祥图像，辅以山石、小树等，象征富贵和喜上眉梢的主题。

清代紫檀屏风上的宝石镶嵌

（三）家具纹饰

家具上的纹饰大致可以分为两种，一种属于图案，一种属于独幅画。图案和纹样在中国词汇中属于同义词，一般指程式化的图形。图案和真实对象有着明显差异，摆脱了客观对象而自成系统，并不断发展的艺术形式。明清家具上的独幅画，多和宋代宫廷工笔画以及明代以后的文人画有着联系。独幅画多用于挂屏、座屏或屏风等有着较大面积，且装饰性大于使用性的家具上。独幅画对雕刻者的素质要求比较高，或许雕刻者本人就对绘画比较内行。从清宫廷流传下的家具独幅画推测，雕刻者当有文人、画师指导完成。

上海博物馆展示的清代紫檀多宝阁上有多幅独幅画雕刻，每幅都相当精美。其中有一幅芦雁图。芦雁图是中国传统绘画题材，宋代以来有很多画家画过。这幅雕刻可谓殚精竭虑的设计，整幅画四边雕刻成竹编的样子，中间留出一个四边锯齿状窗口，窗口内填满绘画造型。在不太厚的深度里，表现了层次相当丰

清代紫檀多宝阁上的芦雁图

富的内容。芦花层叠，大雁上下飞舞。一共有八只大雁，三上五下，每只大雁动作都不相同，其中两只在芦苇之后。作者为了合理安排这八只大雁，动足了脑筋。

中国传统的家具纹样大部分都属于具有象征意味的吉祥图案，小部分为没有特殊含义的几何纹样。到了清代乾隆以后，具有巴洛克风格的卷草纹饰从国外传入，被用于宫廷家具装饰，并和传统中式纹样同时运用到家具上，形成很特别的风貌。

1．中式纹样和西洋纹样

家具中的中式纹样指具有中国传统风格的纹样，如龙凤纹、云纹、如意纹、牡丹纹、饕餮纹、回纹、寿纹、福纹以及中式宗教题材纹样，如八吉纹、暗八仙等等。西洋纹指来自西方国家的纹样，在家具上，主要指巴洛克式卷草纹和西番莲纹样，在清代雍乾时期随一些国外工艺品带入中国。这些具有异国风味，具有流动意味的图形深得清宫廷的喜爱，被大量用于建筑和家具装饰，如圆明园、颐和园等处的建筑雕刻。

17世纪的西方巴洛克家具

巴洛克风格的图案

上两图西方17世纪巴洛克风格家具以及当时的巴洛克图案，通过曲线变化，表达宏伟壮丽的气势。西方的这种样式，引入中国以后，作了一些变化。首先是将中式图案与其配合，形成中西合璧的样式；其次是直接用到具有中式传统外形的结构上，如在中式家具的外形上用巴洛克图案随势造型。所以无论怎么看，这些家具上的西洋图案都是有着中国传统精神的西方样式，或者说，这是一种有着异域风情的中式图案。

清代紫檀荷叶龙纹宝座西洋卷草扶手

清代紫檀荷叶龙纹宝座云龙荷叶靠背

清代宫廷紫檀家具上多见中西纹样合璧的样式。如一件清中期的紫檀荷叶龙纹宝座，将中西元素融到一起，颇有情趣。靠背正中是云龙纹，龙形是清代宫廷标准的升龙造型，龙形下方是一个椭圆寿字纹。比较有意思的是，这张宝座是以荷叶作为主题进行变形装饰的，靠背正中就是一张摊开的荷叶形。靠背向两侧展开具有巴洛克特色的卷草纹样，动感强烈。用紫檀雕成这样，又要保持牢度，工艺上有着相当难度。

如下图中的清代紫檀云头搭脑扶手椅靠背上的中西纹饰结合得更好，搭脑部分是云头纹，下面依势是一个中式的蝙蝠纹。为了和下边西洋卷草的曲线配合，云头和蝙蝠都由大小曲线构成，整个靠背形成繁复的律动感。靠背下端是完全中式的回纹作依托。可以想象，为了迎合皇帝的审美趣味，当时的工匠是如何地穷极心智。

清代紫檀扶手椅靠背上的蝠纹和西番莲

清代紫檀扶手椅牙板上的西番莲

清代紫檀束腰委角面杌凳上的西番莲

清代紫檀束腰条桌上的西番莲

如上图两张清代紫檀束腰委角面杌凳和紫檀束腰条桌上的西番莲样式比较纯粹，没有夹杂中式元素，忠实地反映了原始的巴洛克纹样特色，叶面翻转圆顺。杌凳上的花茎和边缘阳线结合得相当自然。条桌牙板边缘则为叶的翻转，同样生动。

明国时期的红木西式椅子局部（张竞琼先生收藏）

民国时期红木衣橱顶部的西式卷草和莲花（张竞琼先生收藏）

民国时期的民间家具上也延续了西洋纹样，不过那又是另一番景致了。可以和上述的纹样作一下对比，全然不是那一副生机勃勃的样子，有式样而无精神。

2. 中国传统吉祥纹样

中国人用图像趋吉避凶、祈福迎祥的传统久远。唐人成玄英为《庄子》注疏有云："吉者，福善之事；祥者，嘉庆之征。"《周易》云："书不尽言，言不尽意。""立象以尽意。"对于自然、社会万物的意无法尽言，那么立象以表述，大致是吉祥图案诞生的最好解释吧。所谓象，当指可观感的实体对象，通俗的说法就是图像。

使用吉祥纹样的年代可以追溯到史前，吉祥纹样大致来源于远古的图腾，如龙纹在距今 8 000 年左右时就有了。商周至唐前的吉祥图案以动物纹为主；唐代开始，吉祥纹样则以花卉为中心。早期的如商周青铜器上的饕餮纹，汉代"谶纬"之说流行，便有了各种瑞应之物丰富了吉祥图案。

在唐代铜镜、织物残片以及洞窟壁画上可见有各种连珠团花纹、牡丹纹、团龙纹、宝相花纹和忍冬纹等吉祥纹样。唐代的缠枝纹如连理枝、并蒂莲、蝶恋花和同心结等则象征男女好合。至宋代，瓷器上的吉祥图案有 50 多种，如：寿星图、龙凤传话、云鹤、灵芝捧八宝、八仙过海、牡丹和狮子滚绣球等名目。

明清时期吉祥图案极为丰富。只要有生活的地方，就有吉祥图案，所谓"言必有意，意必吉祥"，如窗花、糕点模子、砖雕、珐琅器、首饰、锦盒、漆器、纺织刺绣、建筑花窗和藻井，真正的铺天盖地，无所不在。家具就更不用说了，只要是稍微像样一点的家具上都有吉祥纹样。

明清时期纹样的说法大致有 300 种之多，稍微列举一些便知规模。如和合二仙、三星高照、竹报平安、吉祥如意、八仙仰寿、麻姑献寿、麒麟送子、状元及第、连生贵子、马上平安、

年年有余、刘海戏金蟾、兰花、莲花、灵芝、忍冬纹、一品清廉、长命富贵、并蒂同心、连中三元、连生贵子、满堂富贵、榴生百子、岁寒三友、松鹤长春、鹤鹿同春、暗八仙、四艺图、丹凤朝阳、凤戏牡丹、独占鳌头、龙凤呈祥、一路连科、三阳开泰、五福拱寿、吉庆有余、喜鹊登梅、天官赐福、一品清廉、状元及第、瓜瓞绵绵……

上述列出的只是一小部分常见的吉祥纹样的称谓。中国的吉祥纹样大致有以下几种象征方式：

首先，用对象的自然特征作比喻。如松树长生，用来祝福人的长生。云纹，象征高升和如意。梅花纹，象征高洁，又表示福、禄、寿、喜、财。缠枝纹，寓意吉庆，以具生生不息之意。一些清式紫檀家具的足部常以回纹修饰。清式家具常把回纹以四方连续组合应用在罗汉床靠背部、椅子靠背部及牙板表面，寓意连绵不断，子孙万代，吉利深长，富贵不断头。

清代紫檀多宝阁雕刻的葡萄

上图是清代紫檀多宝阁上的葡萄纹样，采用较为写实的手法，描绘了葡萄藤蔓转折、藤上果实累累的场景，象征多产和多子多福。

再如清代紫檀一张小方角柜门上的雕刻，是一对仙鹤站立于山石上，衬着卷云纹。这幅图样在清代用于一品文官的补子，在民间纹饰上表示官运亨通。

清代紫檀小方角柜门上雕刻的仙鹤

其次，用谐音表达祝福。如鱼纹，意表年年有余。用猫和蝴蝶表示耄耋之龄，寓意长寿。一匹带鞍子的马，表示马上平安。喜鹊和梅花构成喜上眉梢。一只猴子骑在马上，表达的祝福是马上封侯，祝愿升官发财，等等。

下图一张明代黄花梨椅子靠背上雕刻了一匹马走在树下，看树叶似乎是桂花树。那么这幅画表达就是“马上富贵”的意思。“桂”和“贵”谐音。

明代黄花梨椅子靠背上的马上富贵图

明代黄花梨椅子靠背上的一路连科图

同是这张明天黄花梨椅子靠背下部，雕刻着鹭鸶和莲花，取谐音表示“一路连科”，祝福学业有成，能够在考试中金榜题名。

第三，直接用文字表示，如用各种寿字作装饰，用各种喜字作装饰。如“卐”纹，是古代的一种符咒、护符或宗教标志。通常认为是太阳或火的象征，在梵文中意为吉祥之所集。佛教认为它是释迦牟尼胸部所见的“瑞相”，用作“万德吉祥”的标志。

在中国传统家具上最常见的纹饰当属以下几种了：龙纹、凤纹、麒麟纹、蝙蝠纹、几何纹、荷花、祥云、寿字纹和灵芝纹等等，还有清代宫廷常见的西番莲纹样。

(1) 龙、凤纹

龙图腾大致起源于8 000年前新石器时代早期。距今6 500多年前的墓葬中就发现了用贝壳摆放的龙形纹。从原始社会至封建社会结束，龙饰物件都代代都有出土。初期的龙纹略粗肥，如上海博

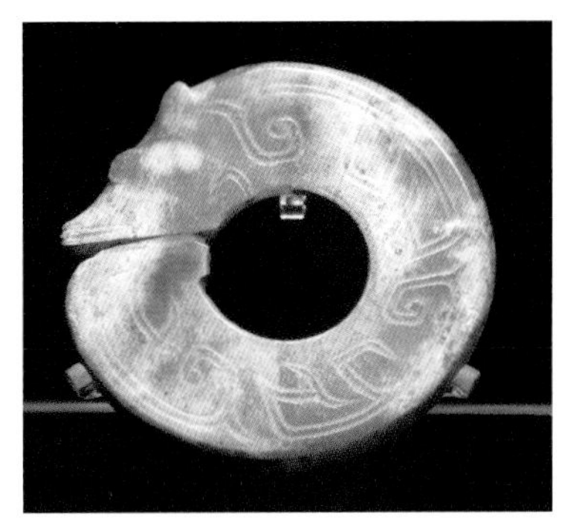

商代龙形玉器

物馆展示的商代龙形玉器。到了战国时期的龙已经精神十足，威武修长了，如上海博物馆展示的战国龙形玉器。

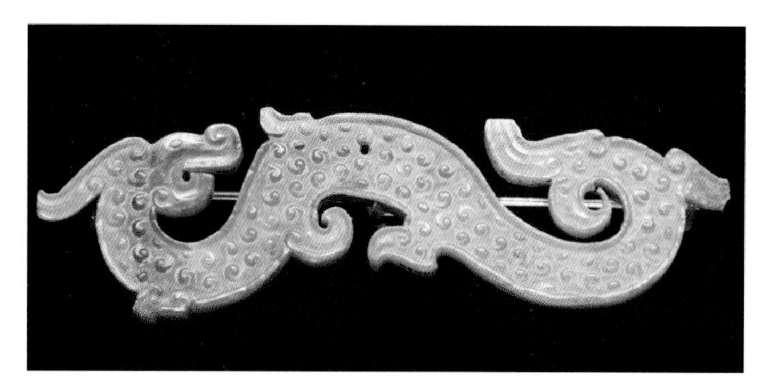

战国时期龙形玉器

清代紫檀方角大柜门上的龙纹

在封建社会，龙被作为“帝德”和“天威”的标志，严禁人们随意使用。龙纹在宫廷家具中是应用得较为普遍的一种纹饰，古人认为它是最高的祥瑞。龙纹有很多品种，可分为虬龙、蛟龙、蟠龙、螭龙和应龙纹等。

虬龙又称蚪龙，《说文》中将虬描述为“子龙有角者”。《中国画论类编》中说“独角曰虬”。蟠龙通常是指地上之龙；升天之龙称为蛟龙；螭龙的形状似小兽，形体较小，无角，多见于汉代青铜器。螭纹，颜师古注：“文颖曰：‘龙子为螭’。”螭纹在清代紫檀家具上也是常用的一种吉祥纹饰，常出现在椅靠背、橱面等处。祁璞注：“应龙，龙之有翼者也”。多见于汉代石刻。夔龙，《山海经》：“黄帝于东海流波觅得奇兽，状如牛，苍生无角……名曰夔。”夔纹有多种变化，在历代工艺品上均有出现。

清代紫檀方角小柜门上的龙纹

明代黄花梨架子床上的龙纹雕饰

九种不同器物上的龙纹有不同的名称，“贔屃”是装饰于碑文、碑础或柱础的龙纹，装饰于表铜器上的龙纹多称“饕餮”，装饰于屋脊或楹柱上的鱼身龙头纹为“螭吻”。铜钟上蟠龙形装饰称为“蒲牢”，“虮蝮”是装饰于桥梁或水渠建筑上的龙纹。公堂回避牌及狱门上的龙纹称“狴犴”,兵器上的龙纹装饰称“睚眦”。“狻猊”见于香重及铜镜上的似狮的龙纹，门环上的螺形装饰称为“铺首”。这些龙纹在明清家具上很少见。

龙纹在先秦以前，形象较质朴粗犷，大部分没有肢爪。秦汉时的龙纹多呈兽形，肢爪齐全，常作行走状。发展到隋唐时，嘴角和腿部很长，尾部似蛇。宋代的龙纹基本上和唐代相似，下颚开始上翘。元代时，出现飘拂状的毛发，腿部有“露盘露骨”的纹饰。明代时，筋骨演变为在腿上全部拉线，头上毛发上冲，龙须外卷或内卷，并出现风车状五爪。清代，龙头毛发横生，出现锯齿形肋，尾部有秋叶形装饰等。辽代的龙形已经十分完备，与近代的龙极其相近。明代的龙已经定形，龙颈部的棕毛一般向上扬起，背部鳍脊排列细密，四肢各有五爪，当时也只能为皇家所用。帝后袍服和宫中用物,都饰以龙凤纹。《明会典》中规定“官吏军民，但有僭用玄、黄、紫三色及蟒、龙、飞鱼、斗牛器皿，俱比照僭用龙凤文律，拟斩。”清代是龙纹用

得最多的朝代，黄龙旗为国旗。清代初期的龙纹模仿明代造型，瘦而凶猛；清中期的龙纹灵活多变；清晚期的龙纹附饰繁琐臃肿。

同样是龙，也等级分明。皇帝用的龙纹都有五爪，三爪或四爪的龙纹称为蟒纹。皇帝也会将饰有蟒纹的物品赐给王公大臣。明清两代，民间也有用龙作为纹样，常用三爪或四爪，但多是与草龙纹相融合的，只有一个基本龙形，爪、尾都化为卷草形，也称草龙，在许多家具上都有见到。

明代黄花梨妆盒上的龙纹雕饰

清代云龙纹宝座上龙纹

清代宫廷雕刻的供帝王御用的龙，基本都是五爪张开，游于卷云之间，或作升腾状，或作垂降状，龙角、龙鳞和龙须分明。如上海博物馆展示的清代紫檀方角大柜门上的龙纹，以及清代云龙纹宝座上的龙纹等。

清代流行仿古设计，如仿古玉纹、仿青铜器纹等等。下面一张图是上海博物馆展示的一张清代紫檀木南官帽椅上的龙形雕饰，有模仿玉雕的痕迹。此龙纹是龙和卷草的混合体，龙身作螺旋形适合于一个正圆中，龙身至尾部转化成卷草形，头部的龙角也较为柔和。另外，标为明代黄花梨妆盒上的龙纹雕饰倒像是清代雕刻，龙纹仿青铜器纹。龙形虽也作卷草，转折却较为方正。

在龙图腾出现后的稍晚时期，凤成为东方很多部族的图腾。

“凤，神鸟也。天老曰：凤之像也，鸿前麐后、蛇颈鱼尾、鹳颡鸳思、龙文虎背、燕颔鸡喙，五色备举，出于东方君子之国，翱翔四海之外，过昆仑，饮砥柱，濯羽弱水，莫宿风穴，见则天下大安宁。”（《说文解字》）

清代紫檀木南官帽椅上的龙形雕饰

西周时期雕凤纹玉器

“天命玄鸟，降而生商。”（《诗经·颂·商颂》）

“萧韶儿成，凤皇来仪。”（《尚书·益稷》）

出土的战国时期楚国的帛画中有人在凤下祈祷的图像。

楚国帛画上的凤纹

汉代的凤凰、鸾鸟、朱雀等瑞鸟纹样在装饰物上占据了重要的位置。这一时期的凤纹特色是线条挺拔洗练，凤凰姿态为挺胸展翅、高视阔步状。魏晋时期的凤凰形象开始和花卉纹样结合，凤凰的姿态开始变得飘逸柔美。

唐代的凤纹描绘得更加细致，更加具备鸟的特色，鸟冠、尾巴等修长飘动，羽毛清晰。在唐代的铜镜以及银饰上可见凤与牡丹纹的结合，这种“凤穿牡丹”的固定搭配一直传承下去，并具有了男女欢爱的寓意。

宋代开始，一方面趋于写实的凤纹出现，凤凰看起来更像真正的鸟；另一方面，对传统的、较为程式化的凤纹也依旧沿袭。宋代《福瑞志》云：“凤，仁鸟也，其雄曰即即，雌曰足足。晨鸣曰发明，昼鸣曰上朔，夕鸣曰归昌，昏鸣曰固常，夜鸣曰保长。”凤纹的使用越来越广泛，出现在从宫廷到民间的各种工艺品上。至明清时期，凤的形象更是进入家家户户，婚姻用品上少不了龙凤形象。从服装、刺绣品到瓷器、家具雕刻等各种民用品上，都能见到龙凤形象。

下图所示是上海博物馆展示的明代黄花梨条桌上的牙板上雕刻凤纹，这幅凤纹是相当程式化的一个样式。雕刻的凤凰形并非模拟真鸟的样式，对纹样层次也不甚讲究，雕刻手法也颇具匠气。大致可以推测，这幅图样的来源应是木工代代相传的样式，而非专业画家或文人的创作。

明代黄花梨条桌牙板上雕刻的凤纹

(2) 蝙蝠纹

蝙蝠纹的大量使用，和“蝠”与“福”的谐音有关。

《尚书 · 洪范》有：“五福，一曰寿；二曰康宁；三曰富；四曰攸好德；五曰考终命。”寿、康宁和富容易理解，攸好德指的是品格德行，行善积德。考终命指平安离世，得到善终。最早的福实质是与道德善相关的。后来人将五福更改为：福、禄、寿、喜、财，这基本是中国人追求幸福的主体了。

蝙蝠和其他吉祥纹组合，便有了好的彩头。如蝙蝠和鹿的组合表示福禄双全，和寿字的组合表示福寿双全，和祥云的组合表示天降洪福，和铜钱的组合表示福在眼前，和马的组合表示马上得福。

下图一张清代紫檀书卷式搭脑宝座上的蝙蝠纹，蝙蝠衔着

清代紫檀书卷式搭脑宝座上的蝙蝠纹

清代紫檀架几案上的蝙蝠纹

一个如意，寓意幸福如意。蝙蝠形状作了极夸张的抽象，其形状和蝙蝠并无太多相似，可谓是漫画式的蝙蝠。蝙蝠身体上雕仿古玉器云雷纹。另一个清代紫檀架几案上的蝙蝠纹（上图）就要写实多了，无论是翅膀上的骨架，还是蝙蝠的头，都描绘得惟妙惟肖。

蝙蝠纹在清代以及后来的家具中应用广泛，基本都是与寿纹和云纹搭配，装饰于椅子靠背、架子床的饰板等部位。

（3）麒麟纹

“麟凤龟龙，谓之四灵。”（《礼记 · 礼运》）。麒麟和龙凤一样是虚拟出来的神兽。按《毛诗正义》所述：“麟，麇身、马足、牛尾、黄毛、圆蹄、一角，角端有肉……背毛五彩，腹毛黄，不履生草，不食生物，圣人出，五道则见。”

同是明代家具上的麒麟纹，在外观上也颇有差异。如上海博物馆展示的明代交椅上的麒麟纹和另一张圈椅上的就有较大差异。交椅上的麒麟伴着云纹和葫芦，须发皆动，站在山石上，如猛兽般威武，气势十足；而圈椅上的麒麟纹则装饰在一个莲花瓣形中，头大体小，更似宠物，精致有余，气势不足。

明代交椅上的麒麟纹

明代圈椅上的麒麟纹

麒麟被赋予的特征是仁瑞圣德，并相当长寿，可活千年以上。关于麒麟最为著名的传说是“麟吐玉书”，说的是孔子出生前，有一只麒麟至阙里，从嘴里吐出一方帛，上书：“水精之子，继衰周而素王。”孔母颜徵在在麒麟角上系了一条红丝带，麒麟在阙里住了一宿后离开，至鲁定公二十年（公元前 490 年）时，这只麒麟被鲁国人捕到，角上的红丝带还在。这个故事后被创作为“麒麟送子”吉祥纹样。

一个明代脸盆架上就雕刻了一幅麒麟送子的图像，描绘的是一个娃娃戴太子冠，手持如意，腰系玉带，坐在昂首阔步的麒麟背上，背后衬着祥云，下为山岩，右有桂树，一团喜气祥和。

明代脸盆架上的麒麟送子雕刻

(4) 云纹

云和天相联系，和雨相联系。在仰仗天吃饭的农耕社会，祈求天的护佑，保证适量降水是一件极其重要的事情。远古时期便有了云神司雨的传说。云纹实质是人民祈求风调雨顺的象征性符号。有时云纹不仅寓意吉祥，也表达一种浪漫气息，如陶渊明在《归去来辞》中所说的“云无心以出岫”，再如杜牧写云的诗：“东西那有碍，出处岂虚心。晓入洞庭阔，暮归巫峡深。渡江随鸟影，拥树隔猿吟。莫隐高唐去，枯苗待作霖。”

云纹在实际运用中，多和其他神物配合，如龙、凤、麒麟、蝙蝠等等，云纹在图案中象征天，表达了其他神兽纹样所处的空间。祥云纹样变化多端，可以作各种变形。清代宫廷家具雕刻经常将纹样铺满整个装饰部位，云纹基本都是面积最大的部分。在某些装饰中，装饰件有时起到了固定或连接的作用，这些装饰件也常常做成云纹的样式。可以看出，云纹是兼容性极好的一种纹饰，可以和各种纹样配合而不显突兀。

清代宫廷的一张紫檀云龙纹宝座上，主要部位都被云纹布满，云纹重重叠叠，婉转变化，龙在云缝中穿进穿出。靠背上的纹样是象征清代皇室的主要题材，江水海崖与升腾龙纹。这张宝座的牙板上也是全部雕上了云龙纹。

清代紫檀宝座上的云龙纹

下面这张清代紫檀书桌的雕刻风格也和前述的宝座一样，都是密不透风的云龙纹，不过，雕刻得层次更多一些，还有多处透雕，图形的立体感更强。

另一个清代紫檀宝座上的云纹和前述的云龙纹宝座相比则感觉平和了许多，靠背虽然也是密不透风的雕刻方式，但因为

清代紫檀书桌上的云龙纹

雕刻层次比较浅，画面也未作大的动势处理，所以云纹更似静止的云，而非流动的云。

这幅雕刻描绘的是福从天降以及五福拱寿的主题，主题雕刻周围用回纹装饰，象征连绵不断。回纹和雷纹同源，也常俗称为拐子纹。较为有趣的是中间的寿字，为了和回纹边饰配合，也做了相应的变形。

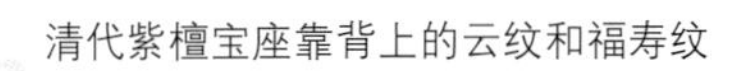

清代紫檀宝座靠背上的云纹和福寿纹

(5) 回形纹

回形纹源自雷纹，又称云雷纹。雷纹出现在新石器时代晚期，多见于商代白陶器和商周印纹硬陶、原始青瓷上。商周青铜器大量使用雷纹装饰，其特色是以连续的方折回旋形线条构成几何图案。汉代，随着青铜器的衰落，雷纹逐渐消失。雷纹有目雷纹、波形雷纹、斜角雷纹、乳钉雷纹、勾连雷纹等多种类型。

清代将古代青铜器上的雷纹装饰重新构建成新的回形纹，回形有简有繁。如下图上海博物馆清代紫檀木束腰珐琅面心方凳上的回纹雕刻属于比较繁琐的一种，有多个回形构成，在每个拐子角上还雕刻了乳钉效果。

清代紫檀木束腰珐琅面心方凳上的回纹雕刻

下图这张清代紫檀宝座座面前牙板上的回纹雕刻则要清淡许多，写意式的回纹和牙板边缘的阳线融合，显示了设计者举重若轻的设计技巧。

回形纹如同云纹一样，在清代大量使用，并且也是最深入民间的一种纹饰，即使是当代，中式方桌（俗称八仙桌的）上也多可以见到使用回纹装饰。

清代紫檀宝座上的回纹雕刻

（四）金属配饰

使用金属也是家具常用的装饰手段和加固手段。在所见的古典家具上，最常见的金属配饰是铜质的，大致是因为铜质件容易加工造型，另外铜件所具有的金黄色有着富贵感。

下图这件清代紫檀多宝阁上的铜饰件制作得相当精致，除了铜件边缘做出如意云头和曲线装饰，表面还镂刻了细密的线条图案，在紫檀深色的衬托下十分显眼。

清代紫檀多宝阁上的铜饰件

明代紫檀直棂架格抽屉上的铜拉手

上图这个明代紫檀直棂架格抽屉上用的铜件则相当朴素，用梅花形作托，上挂宝瓶形拉手，简洁处显其精致。

上海博物馆展示的一张明代黄花梨交椅上用了丰富的金属件。在关节部位都用了金属件，如靠背板和椅圈之间用两个铜条固定，铜条顶端作荷花瓣形。椅圈和椅腿之间用细长铜杆连接，这个铜杆是活动件，一头有钩固定，退出后，可以将交椅折叠。圈椅前脚近踏脚处用铜条固定，铜条顶端同样作荷花瓣形装饰。前踏脚表面用铜片做了三个菱形装饰，三边用铜皮包裹，保证踏脚不会因为使用而磨损。这张圈椅上的铜饰件显示了功能和装饰的完美结合。

明代黄花梨交椅上的铜饰件

（五）腿足变化和装饰

紫檀家具的腿足有许多样式，随家具的整体风格的变化而变化，这些变化是依附结构进行的，在装饰的同时，起到稳固家具的作用。不同的朝代流行不同的腿足样式。家具的腿足变化主要指两方面：一是腿形的变化；二是腿足上纹样雕刻的变化，包括所刻的阴线与阳线的线脚变化。

明代黄花梨炕桌的三弯足

家具腿形的最常见的有：方形、圆形直腿，经变化有了三弯腿。三弯腿有向外的三弯和向内的三弯。如，内翻马蹄形，外翻马蹄形。马蹄形上还会有各种卷草纹装饰，顺着凳腿连接上去。腿足变化还会在马蹄形上做些方圆上的变化，如内翻马蹄的向内一面做成方形，向外的一面为弧形，叫作“外圆内方”。明代家具还有蚂蚱腿的造型，在腿的中间部位雕出形状凸在外面，如蚂蚱腿形，因而得名。还有一种禅凳，凳腿的造型是瓶状的，大概有四平八稳的含义。还有被称为两炷香的桌腿，腿两侧中间有阳线经过，似香立着而得名。此外，还有撇腿、卷书足、卷珠足等腿形。明式家具中多见向外的三弯腿。

清代紫檀书桌足部造型

清代紫檀宝座的内翻马蹄足上的云龙纹雕刻

清代紫檀宝座的内翻马蹄足与蝙蝠纹

明代最为出名的紫檀荷花宝座的腿为略向外的弧形的彭腿，上面按造型走势雕满荷花，只有在比较大的材料上才能进行这种装饰。这是与荷花宝座处理手法相似的一张榻，因木料粗大，可以效仿宝座对腿足进行荷花造型。

广式家具四腿的做法也一变明式的直腿和马蹄式而为内翻马蹄形足，并较多采用三弯腿、鼓腿、兽爪足、鼓牙，凳、椅足部或有球爪足。坐椅的边脚枨，大多把明式步步高的横枨降低在同一水平线上。晚清以后，坐椅常采用“工字枨”或完全不同边脚枨，多角形和圆形的台椅常有向心边脚枨。

清代紫檀宝座外翻马蹄造型

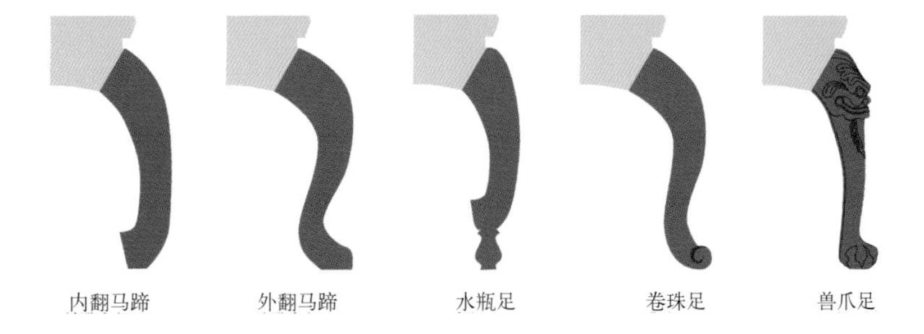

紫檀家具足的造型

紫檀家具分类欣赏

（一）坐具

明代李渔在《闲情偶记》中说，坐具有三种，即杌、凳、椅。杌指小凳子，椅是有靠背的凳子。宫廷用的大型椅子，也称宝座。

1．椅子

椅子是有靠背的坐具，唐代的绘画中已有造型成熟的椅子形象。根据形状不同，椅子有很多品种，如官帽椅、圈椅、玫瑰椅、禅椅、交椅等等。明代偏好阔而矮的椅子。如明代文震亨《长物志》卷六："曾见元螺钿椅，大可容二人，其制最古……总之，宜矮不宜高，宜阔不宜狭。"

官帽椅也称扶手椅，因其造型与古代官员的帽子相似而得名。官帽椅是在民间见得最多的家具之一，从贵重木材到一般细木制作的都有，是客厅的最常用摆设，通常在两张官帽椅之间摆上一张茶几，放置在厅的两侧。官帽椅中又分南官帽椅和四出头官帽椅。南官帽椅的搭脑和扶手均不出头，分别与立柱、鹅脖衔接，椅背立柱与搭脑的衔接处做出圆角。这种样式因多出现在南方而得名南官帽椅。明式南官帽椅，除背板有团花浮雕，全体基本为素式。

在明代小说插图中见到四出头官帽椅的频率要高于南官帽椅，四出头官帽椅的搭脑在立柱处探出，并削出圆头。这种搭脑出头的样式好似明代官员所带的有帽翅的官帽，此椅即由此得名。扶手在鹅脖处也向外探出。此椅取"仕出头"的谐音，意表官运亨通。明清两代使用的官帽椅在风格上不太相同，主要是体现在纹饰上，明代官帽椅多清秀挺拔，少雕刻，只在靠背板和牙板处有少量纹饰；而清代官帽椅款式较多，用料略粗直，雕刻的纹样面积也相对较大。

下图这把紫檀官帽椅靠背板为S状弧形，与搭脑相连的后脚上部微微向后仰，使坐者的背部可以很舒适地靠在靠背板上。并非所有的明式官帽椅都是这种后仰样式。这把椅子座面为前宽后窄的扇面形状，扶手和前腿上部顺势相连，用榫头相接；扶手下的S形联帮棍下粗上细；腿杖做成步步高式；靠背板上有工笔风格的牡丹纹样，精巧提神。这把官帽椅在转折处都十分精致到位，S形曲线处处相映，找不到丝毫瑕疵，简洁之中见精神。

牡丹纹紫檀南官帽椅

下图这把上海博物馆展示的清代紫檀南官帽椅，主体部件都是用的方形，边角带圆，整体敦实稳重，表面素净，仅在曲形靠背处装饰有草龙纹样。脚杖也是步步高样式。

清代紫檀南官帽椅

另外一张上海博物馆展示的清代紫檀云头搭脑扶手椅极有特色，首先是这张椅子的纹饰是中式纹样和西式纹样的混合，西式卷草、西番莲和蝙蝠纹结合得比较巧妙。其次是其对于空的处理，因为没有使用踏脚杖而用的托泥，椅子下部显得很空很轻，形成上重下轻的感觉。第三，扶手造型整体采用了回纹，做出前低后高的样式，将连续不断、生生不息的吉祥寓意隐在造型中。这张椅子的主体构件也是近乎方形，所以感觉趋于硬朗。

清代紫檀云头搭脑扶手椅

清代紫檀云头搭脑扶手椅局部

下图这把椅子为四出头官帽椅的标准式样。“四出头”指搭脑及扶手的横梁部分超出立柱及鹅脖。全器结构简练，造型协调，流畅而自然。它各个构件弯度大，相当费工与费料。它适度巧用曲线取得柔婉的效果，椅盘下采用壶门券口与之相互辉映，四腿足之间的管脚枨采用步步高样式，寓意步步高升。

家具也体现时尚特征，如明代喜欢纤巧流畅的家具，清代喜欢形式多变、装饰华丽和用料粗大的家具。至于忙碌而处于巨大竞争压力之下的现代人，清新雅致的简洁风格是最好的选择，明式家具和现代人的情趣有更多的共鸣。

紫檀四出头官帽椅

圈椅样式早在宋朝便已流行，当时所流行的是圆背交椅，后来才演变成现在所见到的“圈椅”，明代，俗称“罗圈椅”。圈椅是由交椅演变而来。圈椅的搭脑和扶手连成一个椅圈，和交椅的上半部一样，而下半部则和其他扶手椅的样式一样。圈椅一直被称为“太师椅”。太师是皇帝的老师，是读书人中的第一人，也是读书人所追求的目标。据说太师椅的称呼源自宋代对一种交椅的称呼。明代将圈椅称为“太师椅”，应该说是对圈椅的美称。这也是唯一一种以官名命名的椅子样式。清代将所有的扶手椅都称为“太师椅”，这种称呼在民间约定俗成。圈椅受欢迎的原因据说是因为舒适。不过，笔者坐过几个圈椅，都感觉与人体曲线不适，感觉不舒服。关键是搭脑太高，到扶手的圆弧处也显得高，手臂搁在上面不太自在。适当调整圈的高度和靠背的后仰弧度，可以很好改善坐者的舒适度。

圈椅

上面这把紫檀圈椅的椅背与官帽椅的椅背高度相仿，其简繁适度，各处的比例搭配得很好。靠背板也做成三弯形，椅曲在伸出鹅脖的地方，再向外弧出，似乎很有弹性，并装有牙子。联帮棍呈S状，比扶手椅的联帮棍高出许多，起着承重的作用。后腿是直的。扶手位置高于正常位置许多，所以，圈椅的扶手不具有扶手的实际功能。椅的下半部与其他扶手椅没有什么区别，两侧和正面的腿之间做了壶门形券口，增强了这把圈椅的灵巧感。靠背板上雕刻仿古玉龙纹，润泽古朴。脚枨为步步高样式。

它的座面为藤面，藤面的椅子要比木面椅子坐着舒服，藤的色彩和紫檀的色彩对比也很好看，可谓一举两得。用了很多年的椅子，椅面的藤大多会变松。现在有了新工艺，用优质细藤编织和加固的座面可以百年不松。用了很长时间的藤面会产生一种橙红色，使藤面的颜色沉稳好看。

玫瑰椅的学名的出处和样式演变不详，可能原本是闺房之物，因其形体纤美而流传开来。中国古代对于与女性相关的器物，记载相对较少。在几本明代著名小说插图中也几乎不见玫瑰椅的形象。

玫瑰椅的椅背比官帽椅的椅背低很多，与扶手的高度差不多。在陈设时椅背不会高出窗台或桌面，容易与居室中的其他家具搭配。坐在上面，感觉并不舒适，背和头部没有依靠，容易令坐者很快感到疲劳。

玫瑰椅的做法同南官帽椅相近。明代玫瑰椅多圆脚或方脚，清式在脚面常见刻棱线。下面这把紫檀玫瑰椅结构精巧，装饰细腻，体现着圆转、空灵的格调。最明显的特征是巧妙地运用各种枨子来加强视觉上的美感，绝大多数的杆、枨都是圆形，显得纤巧。座面下部、腿枨下部都用了罗锅枨，上下呼应。从结构上看，这里的罗锅枨主要不是用于加固的目的，而是通过曲线来调和直线形的单调感。脚枨则采用了步步高的形式。最有特色的是椅子的上半部，在椅面上部采用了直枨加矮老的

玫瑰椅

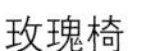

结构，而没有在扶手下面放联帮棍。这种结构的目的还是在于装饰，将椅子上部的空间再次分割，形成疏密关系，这种处理手法在其他坐椅的相同部位几乎没有。靠背在直杖的上部用券口装饰，券口上的雕刻曲线跳动宛转。类似这样没有靠背板的样式也只有在玫瑰椅上会出现。

玫瑰椅的样式多种多样，在苏州园林的陈设中多可见到，其装饰手法和江南花富的装饰手法非常相近，以线结构为主要手段。清中期以后，玫瑰椅的装饰就完全改变，靠背板不再采用这种空心样，只要有相对较大的平面就加以装饰，更接近当时追求粗大华丽的风气。

2．宝座

宝座是在大型座椅的基础上发展出来的样式，深和阔都加大，用料粗大，颇具气势，供帝王皇族使用，以此来显示统治者的无上尊贵。明清两代宫廷制作了大量宝座。清代的宝座几乎都布满纹样，多见到的是雕满云龙纹的宝座。

下图这张紫檀宝座是上海博物馆藏的一张清代宝座的仿制品。原件的结构设计已经是非常高明，靠背扶手等都是曲线造型，各处的接合都作了精确计算。腿和牙板都是彭形鼓出，非常费材料。原件的外形庄重大气，装饰精细，体现了清代宫廷紫檀家具艺术和加工技术的极高水准。

清式紫檀宝座

除了保持了原件的纹样和基本外形等特点外，仿制品在许多方面作了改进，使其能够很好地融入现代生活。原件坐高比较高、座面宽而深，人坐在上面，只能坐于边缘，不然两脚就要离开地面，坐姿非常不雅。因为很阔，扶手只是摆设，两臂很难靠到扶手。靠背板较直，背部靠到靠背不会感到舒适。所以，原件似乎只是个摆设，并不是让人久坐用的。这种仿制品，降低了坐高，减少了座面的宽度和深度，将原先的紫檀座面改作藤面，并调整了靠背的曲度和后仰度。经过无数次的试验和改进，这张经典造型的宝座终于能够在保持原有风味的基础上获得很好的舒适度和美感，从工艺和审美来说，已远远超过原件。

下图这张上海博物馆的清代紫檀云纹宝座雕刻的靠背和扶手以密不透风的方式雕刻，主题是云纹作衬托的五福拱寿。宝座用料粗大，特别是腿足做成厚大的内翻马蹄形。座面以下的部分雕刻密度较小，用较为简洁的手法做了回纹和蝙蝠纹，托泥上则素净无纹。

清代紫檀云纹宝座

清代紫檀云龙纹宝座

上面这张上海博物馆展示的紫檀云龙纹宝座和前述的宝座在形制上类似，但腿足的雕刻和上部一样密集，而且雕刻的层次更深，并将靠背部分做了三屏处理。

清代紫檀荷叶龙纹宝座是上海博物馆展示的宝座中最有特色的一个，体现了当时西方艺术对中国家具设计的影响，同时也说明了当时皇帝的欣赏趣味。这张宝座糅合了巴洛克风格的卷草纹，中国传统的龙纹、荷叶的纹理。荷叶的设计大致来源于另外一张明代紫檀荷花宝座（图见第 185 页），这是一种自然主义的手法。靠背和座面下的牙板都做成翻转的荷叶形，荷叶上的纹理都雕刻得细致入微，靠背上的云、龙、寿等都置于荷叶面上，甚至在靠背下端还雕刻了江水海崖等元素。扶手是镂空的巴洛克卷草形。座面四边也都是弧线，前凹后凸。托泥用圆雕的方式雕满了卷草纹样。

这张宝座的制作难度是极大的，主要原因不在于雕刻而在于结构。各部件都是曲线，拼接的时候要准确接上是很难的，在三维空间将多个点对接上需要事前的仔细计算和规划。即使是现在制作这么一张宝座也是相当不易的。

清代紫檀荷叶龙纹宝座

3．坐墩

坐墩又名“绣墩”，因它上面多覆盖一方丝绣织物而得名。坐墩是凳类中形象比较特殊的一种坐具，呈两头小、中间大的腰鼓形。在宋代的画中就可以见到坐墩了。当时的坐墩显得矮胖，中间的鼓形鼓出较多。做法通常是采用木板攒鼓的手法。坐墩在室内、室外都可以使用，其造型极其多样。大多数明代坐墩的形体略大于清代。明代的坐墩多数比较素净，而清代的坐墩雕花多，造型变化多。

坐墩的最初造型应该是来自鼓的形状，所以又称鼓凳，通常还保持上下两排鼓钉的造型。坐墩有开光的，也有不开光的。清代的坐墩除了圆形座面的，还有多棱形、海棠形座面的，有的坐墩有束腰。变化最多的还在于开光装饰上，开光有各种形状，除镂空成海棠形、云纹等纹样之外，还会在开光处用小料拼接出各种图形。有的坐墩的底部装有小足。

坐墩造型圆满，装饰性好，在清代比较普及，几乎较为富裕的人家都有。通常的开光坐墩便于移动。为了便于搬动，有的坐墩还在腰部安上可以拎的环。

海棠式五开光紫檀鼓凳

紫檀绣墩

海棠式五开光的鼓凳，形体丰满，鼓形两端各有一圈弦纹线脚，并仿皮鼓做一排鼓钉，极富情趣。这样的造型清秀洁净，可以清楚地看到紫檀木纹的变化。现代高超的打磨技术使整个器物光润可人。

四开光坐墩，除弦纹及鼓钉外，别无他饰，具有典型的明代风格，全物制作严谨。鼓凳样式看来简洁，但因侧面是弧板，消耗材料极多。越是弧度大的侧面，消耗木材越多。

4．摇椅

摇椅大概源自西方，是在椅子前后脚之间加弧形的杖子，坐在上面可以前后摆动，获得摇篮的感受。一定的摇摆频率可以让人感觉和谐安静。

下图这把紫檀摇椅用了完全中国式的视觉元素，椅子上的各处曲线都和明式官帽椅的装饰手法一致，在座面框架两侧装饰了纤巧的卷草纹样。这把摇椅很好地计算了其重心，使其在静止的时候保持水平姿态，躺在上面只需用呼吸的微弱动力便

紫檀藤面摇椅

能摇动。如果尝试一下，一定能体会到东坡所言“飘飘乎如遗世独立，羽化而登仙”的感受。

5．杌

交杌俗称“马扎”，可以折叠，便于携带。也称胡床或交床，从其名称推测其为西域传入。明代《长物志》有：“交床即古胡床之式，两都有嵌银，银铰钉，圆木者。携以山游，或舟中用之，最便。”

下图这几个交杌是按照明代黄花梨交杌仿制的紫檀交杌。交杌座面横材立面浮雕纤细的卷草纹，座面为真丝线编软屉。软屉指凳、椅、榻等家具座面采用藤、丝等编成的软质面。圆材杌足以透榫与杌面横材和足下横材相接，前后足交接处有白铜装饰件。踏板下有壶门牙子带两小脚装饰，踏板中有方胜白铜饰件。

紫檀交杌

6．杌凳

杌凳是指无靠背的坐具。下图这张清代紫檀海棠式座面杌凳制作精巧，器虽小但考究。整体造型仿鼓凳，两头细中间鼓。座面做成海棠形，四足是所谓的蚂蚱腿的样式。底部用托泥。凳体上的纹饰是西番莲和西洋卷草，凳边的阳线和卷草结合，过渡自然。这张杌凳具有明显的清代宫廷风格。

清代紫檀海棠式座面杌凳

（二）桌、案、几

桌案常常是对一类家具的称呼。桌和案之间还是有区别的。桌是指四足在桌面四角的结构体；案则是指四足不在四角，而是缩进一点的结构体。案的造型方式基本上有这么几种：首先，桌面两边翘起的称为翘头案，案面为平面的称为平头案；其次，腿足下还分有托泥和无托泥；第三，腿足间是否有镶板。通过这几种不同的组合方式，可以制成多种多样案的样式。

桌子因其造型和作用的不同，分有许多种类，如方桌、长桌、书桌、炕桌、琴桌等。桌案类是古典家具中最重要的组成部分之一。清代桌的种类划分已十分细致和齐全了。北京匠师对画桌、画案、书桌、书案均有明确的概念。画桌、画案无抽屉，便于起身书画，书桌、书案则都有抽屉。

1. 桌

画桌属于长桌，因其功能是用于作画或兼有裱画的功能，所以，桌面比普通的长桌要宽。画桌通常也有束腰和无束腰之分。画桌与琴桌一样是主人用于艺术目的的，主人多会格外注重其设计制作，以显示其高雅的鉴赏力。

下面这张清式风格的紫檀画桌，鼓腿彭牙，牙板依边缘造型顺势雕出回纹。清代好仿青铜器样式和纹样制作器物，以显古意。这张紫檀桌的贵重同样体现在长达 2.4 米的桌面上。其弧形的内翻马蹄形桌腿也由粗大的材料取出。这里列出的紫檀桌面都没有伸缩缝，整个桌面浑然一体，平滑如镜。

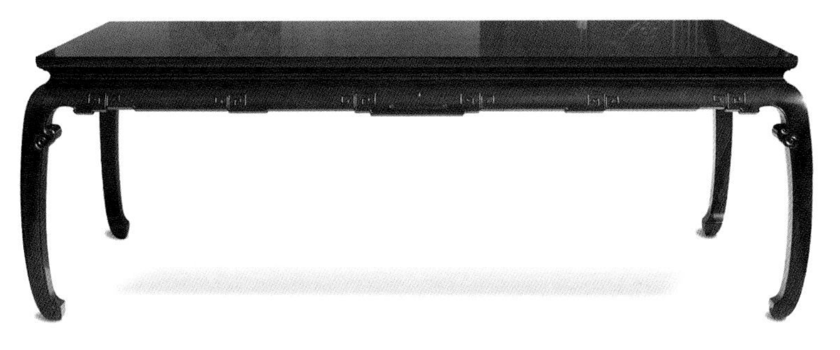

鼓腿彭牙紫檀画桌

下面这张画桌上找不到任何刻意的修饰，各个面都圆滑舒服，典型的明式家具风格。桌腿为圆柱形，直接安在桌面四角。桌面下的罗锅枨没有使用和矮老结合的形式，在腿的外面包裹形成流畅的线条。这种简洁洗练的样式在某种程度上和现代风格是一致的。

方桌是中国传统家庭最常用的家具，依其大小，有八仙桌、六仙桌、四仙桌的区分。古人以大方桌为上等，八仙桌等作餐桌用。明代《长物志》有："须取极方大、古朴，列坐可十数人者，以展玩书画，若近制八仙等式，仅可供宴集，非雅器也。"不过，现在已经不是这种观念了，小巧精致是现代生活的时尚。

紫檀大画桌

这张方桌和俗称的四仙桌尺寸接近，是一种经典样式。边角都为浑圆结构，冰盘沿和罗锅枨的圆柱形造型相互呼应。四边缘环板开长方圆形的孔。腿和罗锅枨之间的角牙，起到装饰和加固的双重作用。这张方桌整体素净，充分展示了紫檀光洁沉着的特征。

紫檀方桌

下面这张棋桌和上面的方桌在外形上一致，仅细节上稍有区别。这张棋桌设计精巧，棋盘和棋盒都与桌面严丝合缝，但都可以从桌上轻易取下。棋盘分两面，一面是围棋盘，一面是中国象棋盘。棋盘拿掉后，下面还有一张双陆棋盘。棋盘的棋格用田黄木镶嵌。整张桌子还另外配有桌面，桌面放上后就如上面的方桌造型一样。四边缘环板开孔位置没有开孔，而是饰以阳线。这样的棋桌除了可作实用的方桌使用外，还可以增添不少情趣。

紫檀棋桌

清代紫檀条桌

上面这张上海博物馆展示的清代紫檀条桌，窄长形，有束腰，牙板雕细密西番莲和卷草纹。这种窄桌多靠墙放置，用来摆放装饰物或杂物用。

上海博物馆展示了一组清代宫廷书房紫檀家具，包括屏风、宝座和一张大书桌。下图这张书桌也是彭牙鼓腿造型，桌腿在中部收细，做成外翻马蹄形。书桌上能雕的地方都雕满了云龙纹，属于极其繁缛的清代宫廷雕刻。

清代紫檀书桌

2．案

下面这个明代紫檀插肩榫画案被王世襄先生的专著收录过，相当有名，现展示于上海博物馆。案体朴实厚重，用料巨大，装饰极简，仅在桌腿插肩榫位置作如意云头装饰。这张画案倒是符合老子所说“大音希声，大象无形”的审美标准。

李渔《闲情偶记》里记了他对几案用法的心得：“但思欲置

明代紫檀插肩榫画案

几案，其中有三小物必不可少。一曰抽替……一曰隔板，此予所独置也。冬月围炉，不能不设几席。火气上炎，每致桌面台心为之碎裂，不可不预为计也。当于未寒之先，另设活板一块，可用可去，衬于桌面之下，或以绳悬，或以钩挂，或于造桌之时，先作机彀以待之，使之待受火气，焦则另换，为费不多。此珍惜器具之婆心，虑其暴殄天物，以惜福也。一曰桌撒……从来几案与地不能两平，挪移之时必相高低长短，而为桌撒，非特寻砖觅瓦时费辛勤，而且相称为难，非损高以就低，即截长而补短，此虽极微极琐之事，然亦同于临渴凿井，天下古今之通病也，请为世人药之。”原来，明代将垫桌子脚的小木片称为桌撒。不过案上设抽屉的似乎不多见。

上海博物馆展示的另一张紫檀架几案很有特色，一块长至3米的案板置于两个几上，成为一张案，案板撤走，下面两个几可以单独使用。案板边缘雕的是云纹和蝙蝠，象征福从天降。几上雕的是西番莲和西洋卷草。两个不同风格的物件居然可以和谐地搭配到一起。

清代紫檀架几案

长案通常放置在大厅和门相对的位置。案上常放置花瓶、镜子等物，取“平静”的谐音。案前放方桌，方桌两边放置椅子，这是传统上的固定搭配。另外，还有书案、画案等根据用途分类。

下图是 17 世纪一件翘头案的仿制品，但工艺上要比原件好了很多。特别是雕刻和磨工技术的大幅提高，使得整件器物闪烁着玉器般的光泽。牙头和挡板均为透雕，牙头为相背的两只凤纹,凤的尾部演变成卷草,纹样整体而流畅。挡板透雕灵芝纹，组成藤状缠绕。足下有托子。这是形体优雅的一种案子，非常富有装饰性。

紫檀灵芝纹翘头案

下面这张图是一件样式极简的平头案,仅牙板作卷云样式,边缘起阳线。夹头榫结构。这张平头案简洁却不简单，腿足、枨子、云卷的精度都达到了极高的要求。案腿都经得起游标卡尺的检查，几乎达到百分之百的标准圆。各个对称部件也达到高精度对称。所以，这张案无论从哪个角度观看，都能感受到朴素而完美的气质。

紫檀平头案

3. 几

紫檀高几

几是一种比较古老的家具样式，自战国至汉魏的墓葬中，可以见到一些矮几，质地为漆器、陶器。从种类上来分，几的种类有宴几、凭几、炕几、香几、蝶几、花几、茶几、案头几等。

左图这种高几的样式是到宋代才开始出现的。宋代的《五学士图》中可以见到高几。高几多作花台，或放香炉用。这张高束腰高几造型平正，体现硬朗端庄的仪态。卡子花为凤纹造型，托子下的四足造型别致,这两处装饰增添了一些情趣。

（三）罗汉床

罗汉床是指左右及后面装有围栏的一种床。罗汉床的名称来源不可考，可能和寺庙中曾较多使用过这种形式的床有关。也可能是床的形象饱满，像是寺院中的大肚罗汉而得名。王世襄先生在谈及罗汉床时，提及北京园林中石桥常有“罗汉栏板”，其特点是栏板一一相拼，中间不设立柱。或许罗汉床的名称与罗汉栏板有渊源。

中国人称的床和榻的概念有时并不那么清楚。通常将大一点的叫床，小一些的叫榻，北京也称稍小一点的“罗汉床”为“弥勒榻”。这种榻由于只容一人，故又有“独睡”之称。《通俗文》称：“三尺五曰榻，独坐曰枰，八尺曰床。”三尺五大概相当于现在的 90 厘米。

罗汉床是家具进化的产物，是早期的床不断改进的结果。中国人早期的休息状态为坐、跪、卧都在地上。从家具高度可以看到，人的休息用具的高度不断提高。汉代的床还是十分低矮的。明、清的罗汉床的高度比汉代的床提高了一些。开始的床四边都没有遮拦，为了舒适和美观，后来在床的三面加上围子板。明代的围子已经有了很多样式，通常都是小木围榫头接合，而且形式已经固定下来。

明代罗汉床以其体积不大便于移动为特点，在使用上带有随意性，或户外、或室内，较固定的位置主要是书斋和闺房，以作小憩之用。这在明版小说插图中多处可见。罗汉床不仅是卧具，还是坐具。有放于厅堂待客的，也有放于卧室作睡具的。《金瓶梅》插图中有将罗汉床放于屋外纳凉用的。清代的大罗汉床上，还可放置炕几，两边坐人交谈。清中期前，罗汉床的形制与明代基本相同。明代晚期罗汉床的样式颇多。就床身而言，除分有束腰与无束腰外，腿有三弯腿、直腿、内翻蹄足、鼓腿、彭牙等不同。就围子而言，一般以三屏风或五屏风围子居多。而清代宫廷常用紫檀大料制做粗大的弧形内翻马蹄床腿，牙板也相当厚，围子大多使用整块板接合，或雕、或镶，装饰复杂纹样，尽量展示富贵华丽，有“三屏风式”、“五屏风式”以及“七屏风式”等。装饰题材也多种多样，有山、水、花、鸟、人物及其他吉祥纹样等。

围子上的装饰从传世实物和明版书籍插图看，较多见的有四种：一是注重雕刻，浮雕吉祥图案；二是用攒接手法组合图案；三是围子镶嵌大理石，以石材的天然色泽象征变化无穷的山水奇景；四是好用素围子，充分利用木材的自然纹理来体现高雅质朴的文人气息。

下图这张罗汉床束腰，鼓腿彭牙，三面围子，细藤编制的榻面，床的长度超过 2 米。围子背板雕工笔花鸟，整个背板皆作画面，构图疏密有致。图上风动竹影，雀闹花枝。弧形牙板雕回纹，床腿作内翻马蹄，不惜耗费粗大的美材，使床的下部张力稳重、美观耐看。

浮雕花鸟三围子罗汉床

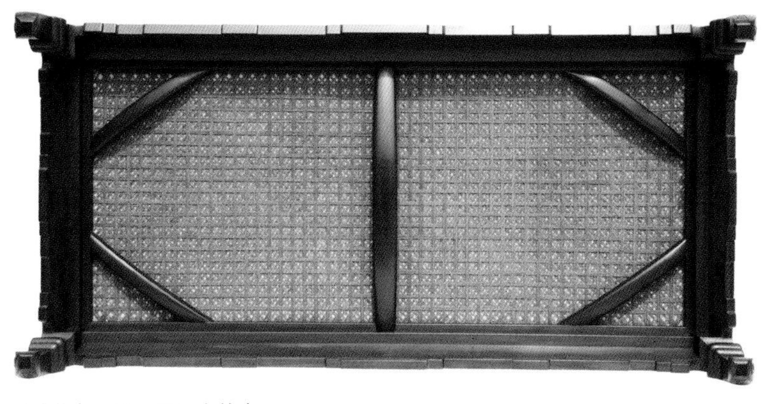

浮雕花鸟三围子罗汉床的底面

寒雀图局部

紫檀嵌黄花梨罗汉床上的寒雀图

这张罗汉床束腰，三弯腿，三面围子，细藤编制的榻面，床的长度超过 2 米。围子背中央镶黄花梨质地的花鸟图，这是相当耗时的工艺，紫檀板雕下数毫米，将黄花梨镶入，需要保证高度吻合，不见缝隙。黄花梨优雅稳重的棕黄色与紫檀的色彩形成漂亮的对比。弧形牙板雕纤细流畅的卷草，床腿作三弯。

黄花梨镶嵌花鸟三围子罗汉床

它采用很好的加固技术，藤面平整，具有极佳的弹性，其舒适度远胜席梦思。藤面透气清爽，是夏季纳凉的绝配。

明代铁力木床身紫檀围子罗汉床

这张展示于上海博物馆的明代铁力木床身紫檀围子罗汉床，保存得相当完好，床体宽大，有束腰，彭牙鼓腿造型。床身是铁力木质地，围子是紫檀木制作。围子用拐纹透空，反复同一的几何形形成视觉上的秩序感。

（四）橱柜、多宝阁

1.橱柜

橱柜作为家具的一个大类，明清时期有许多品种。最常见的立柜是“顶竖柜”，由底柜和顶柜两部分组合，通常是一对，所以可以拆成四件，又称为“四件柜”。橱柜还按其造型和功能分出书橱（书柜）、衣柜、药柜、亮格柜、圆角柜、碗柜等。

关于制造橱柜，明代李渔在《闲情偶记》这么阐述：“造橱立柜，无他智巧，总以多容善纳为贵。尝有制体极大而所容甚少，反不若渺小其形而宽大其腹，有事半功倍之势者。制有善不善也。善制无他，止在多设搁板。橱之大者，不过两屋、三屋，至四屋而止矣。若一层止备一层之用，则物之高者大者容此数件，而低者小者亦止容此数件矣。实其下而虚其上，岂非以上段有用之隙，置之无用之地哉？当于每层之两旁，别钉细木二条，以备架板之用。板勿太宽，或及进身之半，或三分之一，用则活置其上，不则撤而去之。如此层所贮之物，其形低小，则上半截皆为余地，即以此板架之，是一层变为二层。总而计之，则一橱变为两橱，两柜合成一柜矣，所裨不亦多乎？或所贮之物，其形高大，则去而容之，未尝为板所困也。此是一法。至于抽替之设，非但必不可少，且自多多益善。而一替之内，又必分为大小数格，以便分门别类，随所有而藏之，譬如生药铺中，有所谓“百眼橱”者。此非取法于物，乃朝廷设官之遗制，所谓五府六部群僚百执事，各有所居之地与所掌之簿书钱谷是也。”

清代紫檀雕龙小柜

清代紫檀雕龙大方角柜

上海博物馆展示了一对紫檀大方角柜，是清宫遗物，柜体高大，约至 2 米。最显眼的就是四扇门上满雕的云龙纹，其大面积的细密雕刻,显示了皇室的气派。铰链和门襻都用黄铜材质，具备实用和装饰的双重功能。另外还有一对置于桌面的小方角柜，高约 60 厘米左右，分两截，上小下大。上面的门上透雕仙鹤云纹，下面的门上透雕云龙纹，也是黄铜铰链和门襻。小的方角柜用于储放小物件，兼具有装饰功能。

圆角柜是居家的常备家具。圆角柜的名称来自其形状，也称“圆脚柜”，柜框的外角打圆，腿足也是圆脚。柜的外框直下构成腿足，柜门为左右两扇，柜门上的板都选用有花纹的漂亮的板镶上。可见到明式黄花梨圆角柜多于紫檀的。圆角柜的外形从正面看或侧面看，都是上窄下宽的梯形。

下图这张紫檀圆角柜简洁单纯，不施雕刻。四足外撇，形成一种稳定的结构，柜帽四面框略微伸出，柜的正面下端用了两根直枨。直枨之间的空间称为柜膛，底枨下用牙条和牙头支撑。正面中间有一根从柜帽到横枨的闩杆，柜门上镶两块紫檀大板，这两块板多是由二到三块紫檀板拼合。柜门和闩杆上装铜面叶和纽头以及吊牌，用来开合柜门。在紫檀深沉的紫红黑色上，金属质感的装饰件显得更加明艳。

紫檀圆角柜

花鸟雕花紫檀衣柜

这一对紫檀衣柜不惜材料和人工，各处板面皆精选纹理一致的紫檀板材拼合，难觅拼合痕迹。所有正面板皆雕刻纹样，12块橱面板雕工笔花鸟，4块抽屉面板雕草龙纹，牙板雕草龙和卷草，边饰回纹。每幅花鸟构图皆讲究疏密、错落。雕刻精细入微，每片花叶的翻转透视皆交代清楚，鸟雀的羽毛根根清晰，眼睛清澈透亮。如此不惜人工以及工艺精细程度，已经超过清代宫廷造办处。柜门和抽屉装饰白铜把手，和紫檀的深沉颜色形成鲜明对比。

书柜是书房中的必备家具。这一对紫檀书柜具有书柜的普遍特征。上面是分成三层搁架，中间是两个抽屉，下面是有四扇门柜。其下部的装饰和上述衣柜类似。花鸟雕刻惟妙惟肖，生动活泼。

四季花鸟紫檀书柜

黄花梨面板上的天然纹理

镶黄花梨紫檀书柜

上图中这一对书柜在形制上与上述书柜一样，但柜板用黄花梨嵌装。这几块黄花梨板取自同一块板材，纹理迤逦多姿，多个层次的流水和云纹叠加，形成难以名状的瑰丽效果。因为天然材料纹理的唯一性和不可模仿性，增加了这一对书柜的身价。

下面这件上海博物馆展示的明代紫檀直棂架格橱，造型朴实无华，但却相当精致。都是用直形构件，通过反复的直线形，产生出一种难以形容的韵律感。所有主件边缘都为圆形，形成刚中带柔的气质。其合理的宽高比例关系和水平分割，产生出非常舒适的视觉感受。即使是抽屉拉手和门襻都是简约带着精巧。

明代紫檀直棂架格

2.多宝阁

多宝阁起源比其他家具样式要晚，大约出现在明末清初，至乾隆时期才成为成熟的样式，其功能用来展示和储藏古董艺术品，如瓷器、玉器等。

下图中这个清代紫檀仿竹节多宝阁展示于上海博物馆，几

清代紫檀仿竹节多宝阁

乎将所有的精巧都集于一身，其本身可以作为家具雕刻的教科书。上面有圆雕、浮雕、透雕；有各种线脚；有精致的铜饰件。有多幅独幅花鸟画雕刻，也有吉祥图像，所有可以看到的地方都做了雕刻，真所谓竭尽机巧。该件多宝阁框架用紫檀木雕出竹子形，面板则雕成竹编形。所有浮雕都是自然主义的写实方式，每一幅雕刻都可以独立成画。

这个清代紫檀多宝阁的功能更多在于展示，用曲折方框做出 8 个不规则摆放区域，并在边缘装饰了细小回纹。格与格之间还做了透空处理，有圆有方，颇具情调。

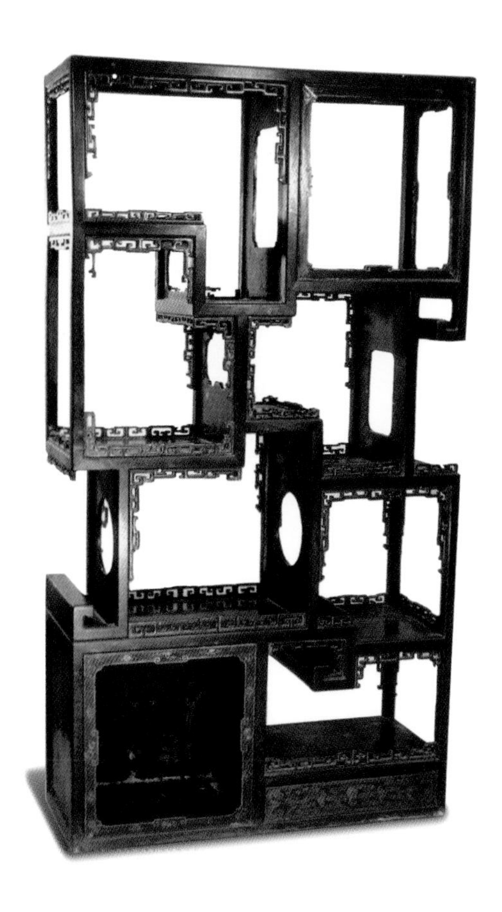

清代紫檀多宝格（选自《中国工艺美术集》，高等教育出版社，2006）

（五）屏

1.挂屏

挂屏的主要功能是欣赏用，紫檀挂屏更具艺术和保值功能。紫檀挂屏多选择构图疏朗、描绘细致的工笔类绘画作为蓝本，板心为主画面，外镶板材，再置于边框内，如一幅经过装裱的国画作品。

海青搏鹄图

下图是根据明代殷偕的绘画制作的《海青搏鹄图》，描绘大雁被鹰所捕，正在奋力挣扎的场景。画面构图绝妙，自然界捕食者和猎物间的生死瞬间被作者以一种极具震撼力的方式表达出来。伫立画前，你可以感受到秋风烈烈，大雁的长嘶回荡在长空。镜面般效果的紫檀材质上，鸟羽被刻画得分毫不爽，产生了一种戏剧性效果，如同时间被凝固成永恒，如同禅宗所言的“瞬刻永恒”，不禁让人思考生命的含义。

寒雪独鸶图局部

寒雪独鸶图

上面这幅《寒雪独鸶图》，描绘雪后萧瑟寒风中一只鹭鸶正在一段残桩上歇足的场景。鹭鸶的体态和羽毛被刻画得异常真实，似乎稍一扑翅，便可跃出画面。这段残桩使用了特别的技巧表现，粗糙嶙峋，覆有积雪，在如镜的紫檀面上格外突出。画面外的面板用黄花梨，暖黄色调将画面烘托得雅致胜于寒冷。画面意境如东坡诗所言："人生到处何相似，应似飞鸿踏雪泥。泥上偶然留指爪，鸿飞哪复计东西。"

荷香千里图

这幅《荷香千里图》借用了紫檀面上的流水样花纹，所谓自然天成。风中荷叶飘舞，水流回转，完全是一幅夏日清风徐来的浪漫情怀。

《鱼藻图》描绘的是白条鱼在水藻中漫游而过的景致。这幅画利用紫檀的光洁表现清澈的水质。鱼的头部夸张写意，鱼眼圆睁，大嘴上翻，如八大山人绘的鸟一般，傲视着冷冷乾坤。

鱼藻图

2．屏风

屏风按其字义为挡风之物，主要用于空间分隔和装饰，是可以移动的隔板。屏风多做成可折叠样式，屏风由多个单元组成。

上海博物馆展示的这张清代紫檀屏风由 5 扇屏组成，每屏分为 4 段，上段和下段都是满浮雕云龙纹，中间上段为方形玉石镶嵌画，中间下段为窄条形玉石镶嵌画。每扇屏上的方形镶

清代紫檀屏风

嵌画大小不一，中间一扇上的最大，两边的最小，和屏风的山形造型一致。方形镶嵌画都是仿工笔花鸟画的庭园小品，画面疏朗，描绘了鸟类嬉戏以及梅花、杏花、广玉兰、石榴等植物。窄条形镶嵌画描绘的主要是瓶花小品，都是有吉祥寓意的花卉。这件屏风体积巨大，再加上厚大的底座，显示了宏伟的皇家气派。

3．座屏

座屏主要是用于装饰的目的，大的座屏放置于地，小的座屏放置于桌。“屏”和“平”是谐音，寓意平静安宁，所谓宁静致远。官绅或耕读之家，多会在客厅放置一面屏和一面镜，表达此意。座屏的结构为可拆分式，上面的部分为屏，屏和座可以分开，屏插在座上。

上海博物馆的这件紫檀座屏，画面部分是镶木风景浮雕。整件设计是清代风格的仿古式样，紫檀画框上部雕回纹，座体下部也是回纹。座体透雕部分是仿玉器纹样，并雕了绳形相联每个单元。这件座屏的侧面很优雅，支撑牙子是类似云纹的变形，环环相套的透雕饰件起着固定作用。

清代紫檀座屏

清代紫檀座屏侧面装饰

当代紫檀家具舒适度的改进

九

紫檀家具除了具有观赏、保值功能外，更主要的功能是实用性。中国古典家具给人的印象一直是形式重于舒适，这是现代生活中中式家具变少的原因之一。但是，融入人体工程学设计的紫檀家具将彻底改变这种印象。传统样式的紫檀家具是美的，同样也可以是舒适的，也可以融入现代生活。

舒适与美观往往成为矛盾的统一体，因为两者在家具设计中必须兼顾，但常常美观的家具不那么舒适，或舒适的家具不那么美观。设计必须是在舒适和美观之间找到平衡点。这一点和服装设计很相似，越是端正的服装，对身体束缚越多，越不那么舒适，如西服正装；而越宽松舒适的服饰则越不正式。对传统家具样式的改良目标在于，在尽量保持原有风貌的情况下大幅提高使用的舒适度。这些改进主要集中在坐具上。

（一）圈椅

圈椅的美观之处在于其椅圈的形式，这也是圈椅名称的由来。椅圈的靠背和扶手融为一体。椅圈比较高的时候，椅子形态会较为挺拔好看，椅背高则扶手也会相应高，结果是靠背顶着背部不舒服，扶手也没法用。经过调整后的方案是：调整靠背板的弧度以适应背部曲线，降低椅圈的高度，使扶手可以让手臂较为舒适地搁在上面。这其实就是在舒适和形式之间进行了折衷。

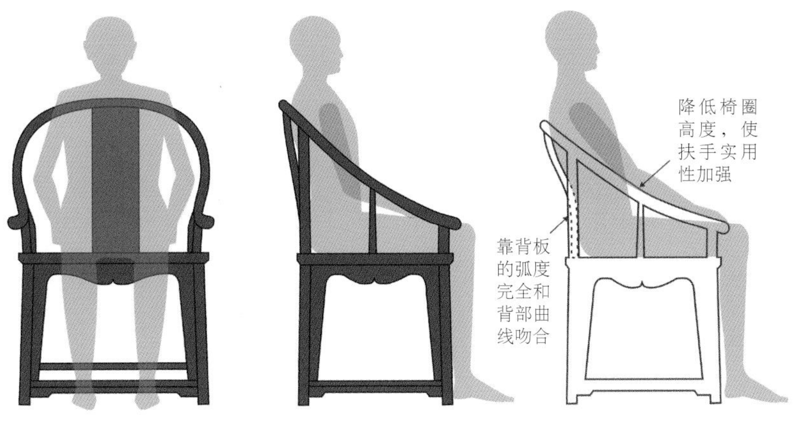

圈椅改进比较图（红线为改进后的造型）

（二）官帽椅

官帽椅是应用最为广泛的椅子类型。如前文所述，明代文献记录了当时人们喜好宽大和高座的样式，上海博物馆收藏的明代官帽椅也反映了这个特征。这种椅子不舒适的地方包括：座面太高，搭脑靠前，后腿太直，座面硬。直接感受就是，后背靠到椅背时，脚不能达到地面，靠背顶人。

经过修改后的官帽椅，外形还保持原有风味，但坐着非常舒服。其改动主要为：降低了座面，并将面心改为藤面；将后腿上部向后弧配合靠背板的弧度变化，使搭脑处在合适的位置；踏脚枨做得更加圆润，如果光脚踏在上面会非常舒服。

（三）
清式宝座

图示的这张清代宝座的原件藏于上海博物馆，具有非常典型的清式中期特征，用料粗大，结构精巧，雕刻适度。这张宝座是皇权的象征，具有壮丽的外表，却非常不舒适。座面宽大，靠背后仰不够，如果背部达到靠背，脚就要离开地面；扶手之间的距离很大，手臂无法搁到上面。

经过类似官帽椅的改进方式，缩小了座面尺寸和高度，将座面改作藤面，靠背板弧度调整为适合背部的曲度。经过多次改良的宝座已经是非常舒适的坐具，但还很好地保留了原有风格。

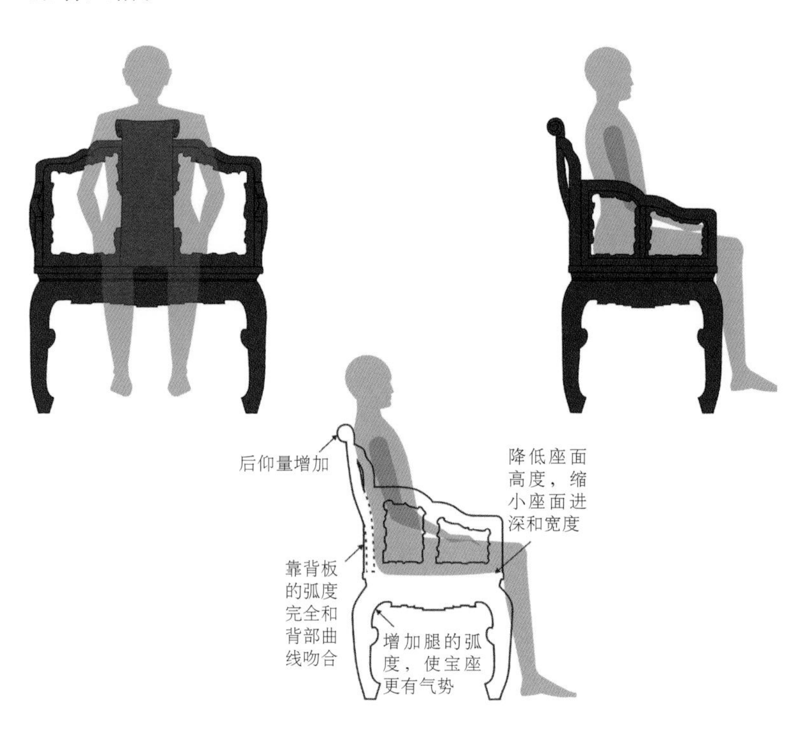

清式宝座改进比较图（红线为改进后的造型）

（四）摇椅

下图这把摇椅不是传统样式，而是用传统元素设计的全新紫檀家具。从其设计过程可以看到当代紫檀家具设计的人性化理念。在制作正式产品前，前后共制作了3个1∶1的模型，目的在于测试舒适度、结构是否合理以及重心位置等。即使是成品，也是每一张新的摇椅都要作改进。只要注意摇椅的“S”形座面曲度就可以发现这一点。

当“S”形曲度比较平缓的时候，人坐着较为舒适，但是摇椅在摇晃过程中，人会向下滑动。所以，“S”形曲度不但具有视觉意义，还具有实用性，“S”形向上弧起的部分起到托住臀部的作用。经过多次的测试才获得兼顾美观和舒适的曲度。

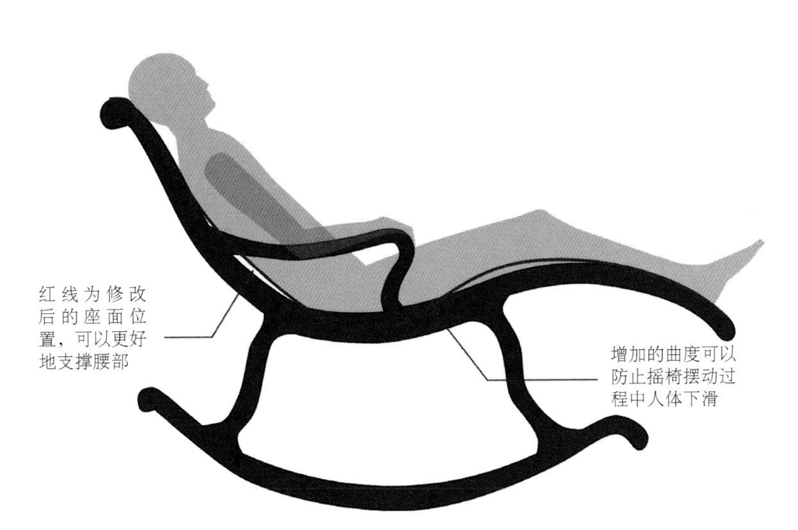

摇椅的改进比较图（红线为改进后的造型）

紫檀家具的挑选和保养　十

紫檀家具加工的各个环节都影响到最终成品的质量，了解这个过程就能知道该如何判断紫檀家具的质量。

紫檀家具的加工过程大体如下图所示：

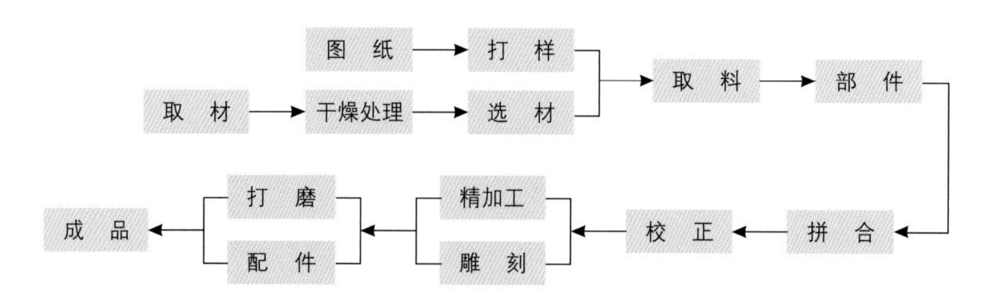

紫檀家具的基本加工过程

(一) 紫檀家具的挑选

不同的紫檀家具在加工过程的细节上会有差别，上图显示了基本加工过程。从这几个过程来讨论如何判断紫檀家具的质量。

1. 看材质

紫檀木因为生长的地理位置不同，会有密度上的差异，如生长于山阴的木材密度会更高一些。当然是密度高的木材质量更好。所以，在挑选同样款式的家具时，应挑重量大的。

木材的干燥处理是非常关键的一个环节，直接决定家具的品质。刚刚制作完毕的家具很难看出材质处理过程中的缺陷，但随温度和湿度的变化，没有经过很好处理的木材就会显现出缺陷来。常见的问题有，木材开裂和变形。特别是将南方的家具运到北方，或是从自然环境放入空调房间，都容易发生这类问题。

因此，不用急着购买新制的家具，应该购买已经放置了一段时间的家具。一般从家具的色泽上可以看出制作时间的长短。新鲜紫檀的色彩为深紫红，暴露在空气中的时间达到半年以上者基本就转为紫黑色。

关于紫檀的色泽，传统上都认为贵黑不贵黄，因此，购买紫檀家具时，应该挑选色泽为深紫红偏黑的，而非偏黄的。

2．看外形和结构

紫檀家具的外形和结构在图纸阶段就决定了。一些大型紫檀家具的结构设计稍有不慎就会造成成品的失败。如，曾见到一张紫檀案子，因为重力原因，桌面向下弯曲，两边翘起。这就是因为没有设计好框架而造成的。家具一旦合到一起，结构就不容易看到了。但是，从一些部位还是可以知道家具的牢固度的，如档子的多少和粗细。

看外形的第一步是观察家具的对称性，如椅子的扶手、腿、牙板是否对称，家具在平整的地面是否晃动。第二，看平整度，可以用手抚摸家具的表面，手感要比视觉敏锐，桌面很小的不平整都可以摸出来。第三，看家具的背面和内侧，是否与正面一样工整和干净。第四，拉动抽屉和橱柜等活动部位，测试家具的精确度。第五，测试藤面的弹性和牢度，可以用手用力拍打藤面来观察。再察看藤和木料结合部位的穿插方法。

3．看雕刻

雕刻是紫檀家具必须经过的步骤，也是紫檀家具附加值的体现。有着上佳雕刻的紫檀家具会有较好的增值潜力。

看雕刻的步骤为：第一，看雕刻是否和家具协调。如有的家具轮廓多为弧形，但却用方正的回纹，就会造成视觉的不协

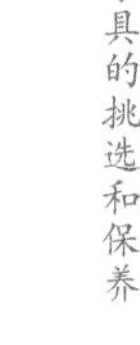

调。第二，看平整度。可以用手抚摸雕刻表面，看看有无毛刺。有的家具看起来雕刻繁杂密集，但却制作粗糙，图案和地都高低不平。第三，看雕刻的自然度。如一些根据花鸟画改做的雕刻作品，要观察枝叶花卉的穿插是否自然合理，是否能够很好地表现出物体的层次和前后关系。

4．看磨工

紫檀因为密度很高，所以经过打磨都可以获得镜面般的外观。紫檀的外观和材料的干燥处理有着密切的关系。用手抚摸家具表面，细腻润滑就算打磨过关了。质量上佳的家具的各个部位都会仔细打磨。所以，检查家具的磨工时，要摸各个拐角、纹样的地、杖子等处。

5．防假冒

民间很少见到紫檀的年代，有人拿着根本不是紫檀的木料号称紫檀。如果没有见到过紫檀，确实很难判断。有一种作假是不得已而为之。因为紫檀材料实在短缺，获得紫檀的途径多来自旧紫檀家具，于是有人将裁成薄片的紫檀贴在其他硬木制成的家具外面。

也有人用新的紫檀仿制古家具或小件，然后做旧。这些做旧无非是在做好家具以后，用石灰水洗、在太阳下曝晒、用麻绳磨等，最后将家具表面搞得破旧不堪。紫檀古家具保存较好的话，外观还是相当好的。看上去过分破旧的紫檀家具反倒可疑。

(二)紫檀家具的保养

紫檀是密度很高的硬木，不太会遇到虫蛀的情况，不过，紫外线对其外观还是有影响的。曾做过在臭氧浓度高的环境中、太阳下以及阴暗环境下紫檀外观变化的试验。在太阳直射下，紫檀色彩会发黄，而阴的一面色泽依旧是紫红黑的颜色。所以，若非刻意追求，不要将紫檀器具放置在太阳下曝晒。

有人珍惜古物过度，不舍得使用紫檀家具，只作摆设看，却会发现其光泽愈减。“时时常拂拭，莫使惹尘埃”才是对的。紫檀的神采来自于常用常新。紫檀经常被人触摸的地方会光亮异常。博物馆陈设的多年未用的紫檀家具，色泽渐显灰暗。因此，“古玩”这个词还是很有意思。紫檀需要的正是常常把玩，与玉一样，常在手中玩赏的玉会有异样的色彩出现，越显可爱。常常触摸之余，用细布（丝绸、羊绒类织物）擦拭，可以让紫檀越来越明亮，在表面形成透明介质，见光影浮动。

十一 有趣的术语

古典家具中有许多专业名词，有的词是工艺方面的用词，有的词是家具形象方面的用词。有些词很形象，让人一看就懂什么意思；而有的词经过时代变迁，流传变异，已经无法考证其出处和原有含义了。这些词构成了中国古典家具文化的一个方面。例如，大家都知道“八仙桌”、“四仙桌”的意思。八仙桌的典故缘于神话，来源清楚，而四仙桌就是将八仙减掉一半杜撰出来的词，既然很形象，也就沿用下来了。

中国人用词讲究吉祥之意,所有很多词都有喜庆的味道。“步步高”是指椅腿赶枨的一种样式。从前面的踏脚枨、侧面的赶枨到后面的赶枨依次提高的样式就称为“步步高”,形象而吉利。

古典家具中多数名称是根据形状得来的，“罗锅枨”就是指中部高起的枨子，“罗锅”在北方是“驼子”的意思。弯起的东西就称为“罗锅”。枨子有许多样式，用在不同的部位，称呼也不相同。与“罗锅枨”相对应的叫“直枨”，即中间没有弯曲的枨子。用在家具最下一根的枨子称为底枨。在椅子两个前腿之间，用来踏脚的枨子称为踏脚枨。明式家具中常见的安在腿足内侧弯曲的斜枨，称为“霸王枨”，起到加固家具的作用。凳足之间的圆形枨子，称为“管脚枨”；枨子四面交圈，高出家具腿足似乎将其缠在一起的样式，称为“裹腿枨”。“裹腿枨”的做法起源于仿竹制家具。桌案正面连结两腿的枨子称为“顺枨”。

用在枨子之间的一种短构件称为“矮老”，大概是形容其短的意思。矮老的作用是加固家具。成对摆放的矮老，称为“双矮老”。每个矮老之间的距离若相等，这样的矮老称为“单矮老”。枨子中间装饰的小木块花形，称为“卡子花”。

家具的面板牙子之间向内收的部分叫“束腰”。在宋代绘画中可见不少家具都使用束腰。如果束腰比较高、能见到壸门台座痕迹的称为“高束腰”。

家具上的“壸门”，指家具模仿佛教建筑上的门式样结构，多为架子等四边框有莲纹造型的样式。按照《尔雅》的解释，壸是宫廷中的廊。魏晋时期的佛教建筑模仿了宫廷建筑，也使

北齐《校书图》中的壶门榻

用壶门的样式。最常见的壶门是佛塔上的窗式结构。有的文字将壶门误作壶门，让人更加摸不着头脑。

家具工艺中也有些有意思的专用名词：

“落堂”工艺一般用于柜、橱两侧以及柜顶，通常是在立柱和连枝之间做框，框内开槽，板心镶入，装板用缘的外面或里面一面去薄装入槽内，板心内面做燕尾榫，穿带横穿槽内与立柱相连。

“镜平攒边”是主要用于几、案、桌、椅面、柜门等部位的工艺。镜面又称为四面齐攒，意指用攒接的方法营造构件，指用纵横或斜直的短材，经过榫卯接合。紫檀桌面及凳面用此法做出。好的工艺几乎看不见缝的存在。磨工极好的桌凳面不仅平，如镜，而且光亮如镜。

做面的板,长的边叫“边挺”,短的边叫“抹头”。用其做框，中间镶板心，板心用材薄于框。边挺也做卯，45°格角榫直角相交，边挺和抹头开通槽，板心四面出榫，嵌入通槽，使边抹

桌子名称图

板心在同一平面上，板心内面做燕尾榫，穿带横穿槽内和边框相连。这种技法可以节约用料和解决伸缩缝的问题。

有好几种工艺均可称为“开光”。一是在家具上镂刻，留出要的形状，其余部分空透。二是在家具上界出框格，内施工雕刻。三是在家具上安圈口，内镶文木或文石等。开光的目的在于对家具进行装饰，很多鼓凳上的透空的纹样都是使用“开光”工艺的。

“一木连做”是指两个或两个以上的部件用一块木料做成。这种工艺十分费料，有人为追求无接缝会采用此种工艺。但多数情况下，紫檀很难做到连做三个以上部位。椅子扶手的弧形部位都要接，而圈椅的扶手用三根弯材拼接，称之为“三接”。

明代以来，一直盛行四出头官帽椅，这四出头，听起来让人摸不着头脑，细细推敲，才知其中奥妙。原来这“四”与“仕”谐音，意指人们期望仕途光明的心愿。这只是一个小小的造型寓意。

椅子名称图

绘画中的中国家具简史

(唐一明)

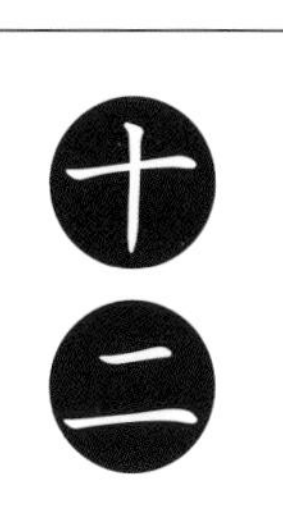

中国的家具经历了数千年的进化过程，这个不断创新、改进与提炼的过程凝结出了今天完整的中式家具样式。不去了解中国家具的历史，是难以体会到中国家具文化精髓的。从知晓历史方能预知未来的观念来看，了解中国家具的历史，对把握中国家具的未来走向也是有益的。

唐代张萱《捣练图》中的凳

家具不似玉器、瓷器等古玩那么容易保存，因为木头易腐朽和损坏，现在留存的明代以前的木家具非常稀少。要想了解中国古典家具的沿革，只有从其书画、古籍等资料中去追根溯源。各个朝代都有壁画、纸（绢）本画以及图书插图等图像资料留下，我们可以从中领略古代家具的风采。因为清代留存家具丰富，本文仅简要叙述从唐代到明代的家具演变。

唐代《宫乐图》中的凳

唐代以前已经有各种室内家具，不过，人们主要还是席地而坐，家具低矮，室内家具品种较少，主要有床榻、案几等。至唐代，家具品种丰富起来，很多现在的家具形制都可以在唐代找到源头，特别是唐代有了式样丰富的坐具。

唐代的坐具有凳、荃蹄、胡床、坐墩、靠背椅、扶手椅等。胡床在隋代的敦煌壁画中就已经出现。凳、荃蹄在初唐绘画或彩俑中就可见到。坐墩、靠背椅、扶手椅等家具在盛唐以后的绘画中可以见到。

唐代周昉《挥扇仕女图》中的椅

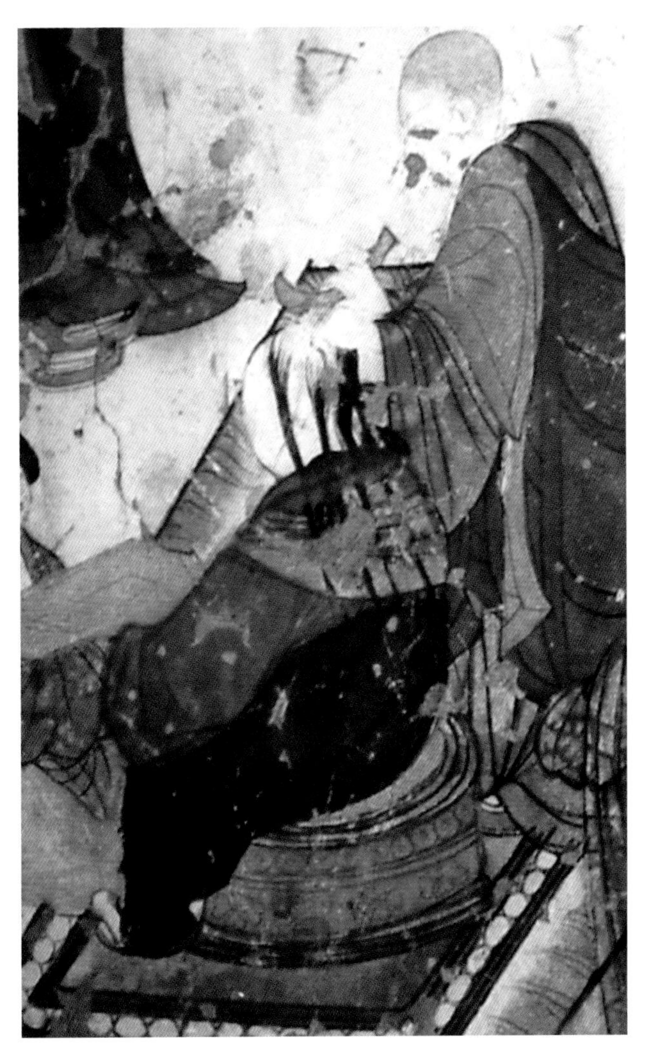

榆林窟 25 窟晚唐荃蹄

荃蹄是一种竹编的篓状物，大概在魏以前就有了。《庄子·外物》：“荃者所以在鱼，得鱼而忘荃。蹄者所以在兔，得兔而忘蹄。”可以知道荃是用来捕鱼，蹄是用来捕兔的。这种坐具大概因外形和荃与蹄相似而得名。荃蹄和后来的绣墩相似，所以推测绣墩是由荃蹄演变而来。

胡床和今天的马扎类似，是一种便于携带的坐具，最早见于北齐《校书图》。有关唐代的文献有多处提到胡床。如：唐朝虞世南《北堂书钞》卷一百二十九："谢镇西着紫罗襦，据胡床，在大市佛图门楼上弹琵琶，作大道曲。"《全唐诗》卷三百九十二，李贺《谢秀才有妾缟练，改从于人，秀才引留之不得，从生感忆，座人制诗嘲谢，贺复继四首》："邀人裁半袖，端坐据胡床。"宋朝王谠《唐语林》卷二："王尚书式，仆射起之子，见重于武宗……式衩衣坐胡床受参，乃问其悖慢之罪，命尽斩于帐前。"宋朝程大昌《演繁露》："今之交床，制本自虏来，始名胡床，桓伊下马据胡床取笛三弄是也。隋以谶有胡，改名交床。"

北齐《校书图》中的胡床

敦煌莫高窟中唐 159 窟维摩诘经变中的架子床

初唐时期的敦煌壁画中就有了架子床的形象，可以看出其与后来的架子床的渊源。下图是敦煌莫高窟中唐 159 窟维摩诘经变。所谓经变就是根据佛经改编绘制的壁画。此画描绘了文殊菩萨探望生病的维摩诘的场景。维摩诘端坐在架子床上。

敦煌莫高窟晚唐 138 窟壁画中有靠背椅和榻等家具。盛唐时期的莫高窟壁画还有各种样式的案的形象。日本正仓院还保存有唐代紫檀制画几和衣架等物。可以看到，各种室内家具在唐代已经成形，种类也已经比较丰富。

晚唐莫高窟 138 窟壁画中的家具

盛唐莫高窟 103 窟中的案

五代基本沿袭了唐代的制度和习俗，包括各式家具的样式。从敦煌壁画看到的五代时期的家具和唐代基本相同，家具大多比较低矮，床、桌样式简单朴素，榻几乎都有壸门。从五代顾闳中的《韩熙载夜宴图》可以看到家具坐高和现在的习惯已经一样。图中有椅、带围子的榻、长桌、凳等家具，不过，图中家具的样式似乎并不符合当时情况，椅子的造型、带围子的榻都近乎明代风格。

韩熙载夜宴图中的椅子造型（三维模型）

韩熙载夜宴图

宋代的家具已经非常完备，床榻、椅、案几的样式丰富了许多。传世的宋代绘画较多，其中有一些家具的图像。

宋朝王诜（1036 ~ 1088 年）绘《绣栊晓镜图》，画中央是一张黑漆无杖长桌，桌腿是宋代流行的如意形足。桌侧的床榻四面镂出圆方形。

绣栊晓镜图

宋朝刘松年（1174 ~ 1224 年）绘《唐五学士图》中有束腰如意足黑漆描金案，桌面装饰石面。桌前学士坐于一鼓形坐墩上。画中的书箱连接处都用铜件固定。

唐五学士图

下图这幅据传为宋人所作的《维摩图》，描绘的是居士维摩诘与文殊师利辩论佛理的场面，维摩所坐的是插屏式的罗汉床。可以看到这时的家具制作已经很精致了，无论是雕饰、线脚、结构都十分成熟。外形与后世的罗汉床无多大区别。

维摩图

下图这幅据传为宋人所作的《唐十八学士图》的画面中央是有束腰黑漆长桌，牙子做成弧线，桌腿雕花，桌面饰有整块大理石，长桌后箱形坐榻四面镂空为圆方形，托子有雕花。左侧露出的椅背可以看出是明代灯挂椅。桌前扶手椅的形式宛如玫瑰椅的造型，同椅相连的有一踏足。所绘家具都为明代中后期风格。

唐十八学士图

梧阴清暇图

据传为宋人所作的《梧阴清暇图》，中央为一黑漆描金有束腰桌案，桌底有托子。桌后的长榻靠背两端出头，中间有扶手，榻的四腿呈弧形，底部有托子。画面后部是一装有罗锅枨的方桌。

《清明上河图》上描绘了不少家具，特别是店家屋内，有长凳、方桌、椅子等。从下面这幅《清明上河图》局部可以看到交椅、画桌和窗户后面的书架。

《清明上河图》局部

《清明上河图》中的交椅

元代时间较短，家具样式基本和宋代无异。这个时期在家具上有少量的发明和改进。如，有了抽屉桌，有的家具腿足作了一些弯曲变换等。王世襄先生所著《明式家具珍赏》收录了一张元代有靠背的交椅。交椅实际就是加了靠背的胡床（马扎）。交椅在宋代就有了，《清明上河图》中就有交椅的图像。

明清两朝是中国家具发展最完备的时期，家具制造水平达到了很高的水准，家具样式完备。不但有不少实物留下，还有不少插图和卷轴画也描绘了明清家具的样式及其使用情况。明清两代也是中国小说高产的时期，许多小说中对民俗背景有详细的描述，而且还配有大量生动形象的插图，这些插图可以帮助我们更好地了解明清时期的室内是如何布置这些家具的。

明代黄花梨交椅

明代杜堇所作《玩古图》中有黑漆长桌案，桌面下有霸王杖，桌案做光，主人坐在圈椅上，椅前有踏足，背后为大屏风，条环板雕花，屏心是描绘云浪的图。还有一张三条腿的凳，凳腿做出几条弧线，样式特别。

玩古图

《金瓶梅词话》中有大量的插图，成为研究明式家具以及厅堂布置的直接史料。这里选用的都是明崇祯刻本《金瓶梅》中插图的摹本。

右图中潘金莲卧在罗汉床上，床脚是内翻马蹄形，旁边的长案的案腿也是内翻马蹄形。床前的凳面是六角形。罗汉床是有束腰的大罗汉床。

明崇祯刻本《金瓶梅》插图

明崇祯刻本《金瓶梅》插图

左图中央是打翻了的霸王杖方桌。霸王杖可以增加桌的牢度，明代家具中见得较多。右下角的椅和左上角举在手中的椅是灯挂椅。灯挂椅是靠背椅的一种，因为搭脑两端长出立柱，像挂灯的架子而得名。宋代就开始有这种椅子，至明清则十分流行了。

四出头官帽椅在明代也非常流行。《金瓶梅》插图中（下左图）可见客厅中四出头官帽椅的摆放。对门摆放的是翘头长案，两侧案足之间是镂空的灵芝形。左侧桌上有放木座的大理石插屏。下右图中对着门摆放的也是一件四出头官帽椅。

明崇祯刻本《金瓶梅》插图

明崇祯刻本《金瓶梅》插图

明崇祯刻本《金瓶梅》插图

明崇祯刻本《金瓶梅》插图

上左图中西门庆坐在榻上欣赏乐曲。这种榻没有围子，榻足粗大呈内翻马蹄形。上右图中罗汉床前是一直腿长案，案下有一个脚踏，脚踏是伴随着坐具的升高而出现的，作为承足之用。明清时期，大凡卧具，坐具前都有脚踏。

明代刻本《西厢记》中也有不少家具样式。

下图左上角是一卧榻，箱形的侧面开有海棠形的孔。

明刻本《西厢记》插图

下图所示的是屏风围着的架子床，四周围子上的立杖是三弯形床腿内翻似如意形，牙板弧线造型。屏风后有一霸王杖大案。

明刻本《西厢记》插图

明刻本《西厢记》插图

左图中同样可以见灯挂椅，右侧上方是一有束腰的花台。左侧下方是长案的一端，从牙条和牙头可见是夹头榫的做法。

下图是明代万历年的《水浒传》中的插图，厅中间是四面平的方桌，两边摆放圈椅，桌下有一脚踏。圈椅因有可以靠的椅圈而得名，这种椅子在唐代就有雏形，至南宋基本定型，明代非常流行。明代的圈椅线条非常流畅，靠背板为弯形，靠着更为舒适。

其他小说，诸如《红梨花记》、《鸿雪因缘图记》、《琵琶记》、《燕子笺记》、《幽闺记》、《占花魁》等书中都有插图，而且将家具造型细节描绘得比较清楚，成为研究古典家具不可多得的史料，从中可以比较完整地了解中国古典家具的形制以及摆放格局。

明万历年《水浒传》插图

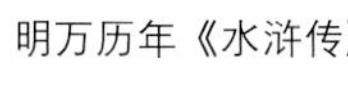

中国传统家具的美学

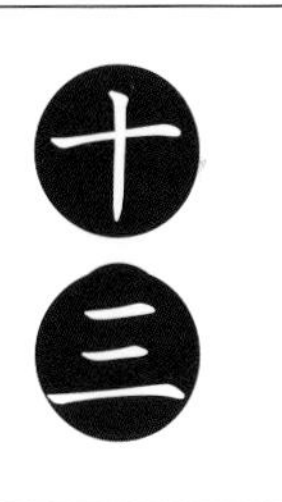

汉代以来，儒学思想占有统治地位，儒家的美学观念一直是中国美学思想的主流，随着时代推进，又融入了道家、释家的养分，形成中国特色的美学。家具样式也在这样的美学思想指引下变化着。

（一）中和

《中庸》首章："喜怒哀乐之未发，谓之中；发而皆中节，谓之和。中也者，天下之大本也；和也者，天下之达道也。致中和，天地位焉，万物育焉。""和"是大道，是情感的至高境界。宋代朱熹在《朱子语类》中解释："天高地下，万物散殊，各有定所，此未有物相感也，和则交感而万物育矣。""如君臣父子兄弟之义，自不同，似不和。然而各正其分，各得其理，便是顺利，便是和处。事物莫不皆然。"因为和，事物才能协调，才能带来愉悦感。

除了和，事物还需要中庸，如《左传·襄公二十九年》所言："乐而不淫，哀而不伤，怨而不怒"的"温柔敦厚"。

在相当长的时期里，"中"与"和"是艺术的普遍标准，无论诗歌、音乐皆是如此。这一标准体现在家具上的特征就是：对称，平直，稳定的体态。即使清代家具为追求古朴风格，亦是遵循中庸平和之道。

李泽厚在《中国美学史》序论中说："华夏美学的特征和矛盾不在于模拟是否真实，反映是否正确，即不是美与真实的问题，而在情感的形式（艺术）与伦理教化的要求（政治）的矛盾或统一即美与善的问题。"

按儒家的思想，善的是美的。符合礼仪是善的，所以，符合礼仪被认为是美的。中国传统礼仪往往体现在尊卑关系的秩序上，如建筑、音乐、服饰皆讲究尊卑，家具设计也同样遵循这一传统，如家具形制大小、纹样都需按照尊卑关系，不能僭越。

（二）气韵

“气”在中国艺术中有重要地位，而且“气”被赋予了许多复杂的含义，有时甚至只可意会而不可言传。《孟子 · 公孙丑上》：“我知言，我善养吾浩然之气”，“其为气也，至大至刚，以直养而无害，则塞于天地之间。其为气也，配义与道，无是馁也。是集义所生者，非义袭而取之也。行有不慊于心，则馁矣。”

贾思勰《文心雕龙 · 养气》曰：“清和其心，调畅其气。”

李泽厚在《华夏美学》中谈到气：“后世诗文艺术中讲求的种种‘气势’、‘骨气’、‘运骨于气’等等，也都是从这里派生出来。例如,所谓‘骨’,经常就是静止状态的‘气’,即所谓‘骨力’。所谓‘势’，经常便是储藏着能量的‘气’，是一种势能。”

至南朝，谢赫在《古画品录》中将“气韵生动”列为绘画六法之一。后世将气韵一直作为评判艺术品优劣的重要标准。

宋代郭思《画论》：“如其气韵，必在生动，固不可以巧密得，复不可以岁月到，默契神会，不知然而然也。”“人品既已高矣，气韵不得不高。气韵既已高矣，生动不得不至。”将气韵生动和人品联系到一起。

“气”常常被作为连接自然与人的物质，当“气”一致时，便可达到天人合一的境界。董仲舒《春秋繁露 · 阴阳义》：“天亦有喜怒之气,哀乐之心,与人相副。以人合之,天人一也。”《春秋繁露 · 为人者天》：“人生有喜怒哀乐之答，春秋冬夏之类也。喜，春之答也；怒，秋之答也；乐，夏之答也；哀，冬之

明代黄花梨四出头官帽椅

答也。天人副在乎人，人之情性有关天者矣。”

当用“气”这个词描述古典家具的时候，可以认为是在欣赏制作者赋予家具的独特气质。或许，随着观看者目光的移动，形成了对家具一连串的感受，这种感受似乎是凝聚的而且看不见的物质，这种看不见的物质被称为“气”。具有这样的“气”或那样的“气”的家具，就有了优劣之分。

家具有“文人气”、“霸气”、“匠气”的说法。明代文人参与了家具的设计制造，将自己的审美情趣融入了家具的设计中，形成了明代家具委婉、空灵、流畅的特征。我们称这些家具带有“文人气”。清代宫廷家具的特征是形制巨大，不惜工本用料，常常对家具进行大面积雕花，显示出皇家的“霸气”。中国老式的生产方式是师傅带徒弟，师傅怎么说徒弟怎么做，长久下来，难免会产生不合理的教条，做成的家具从外形到雕花显得呆板、木讷，缺少灵气。这样的家具被称为“匠气”。

（三）
超然

老庄思想对中国古代审美思想有着相当大的影响。刘小枫在《诗话哲学》中说：“中国浪漫精神当然要溯源到庄子。”“超形质而重精神，弃经世致用而倡逍遥抱一，离尘世而取内心，追求玄远的绝对。”

四出头官帽椅

《庄子·达生》中写了梓庆制作鐻（类似钟的一种乐器）的故事。

梓庆削木为鐻，鐻成，见者惊犹鬼神。鲁侯见而问焉，曰："子何术以为焉？"对曰："臣工人，何术之有？虽然，有一焉。臣将为鐻，未尝敢以耗气也，必齐以静心。齐三日，而不敢怀庆赏爵禄；齐五日，不敢怀非誉巧拙；齐七日，辄然忘吾有四肢形体也。当是时也，无公朝，其巧专而外骨消。然后入山林，观天性，形躯至矣，然后成见鐻，然后加手焉；不然则已，则以天合天，器之所以疑神者，其是欤！"

优秀的家具制作何尝不是如此。创作时应忘掉利禄和是非，用自己的天性去接近自然，达到天人同一的境界。有太多的功利心的艺人如何能制造出优秀的作品呢？

（四）禅意

禅学讲究顿悟，教人从平常中感悟永恒的存在。具有禅意的作品往往归于清净淡泊，追求平淡的韵味和空灵的美，达到"身心尘外远，岁月坐中忘"，"芍药樱桃俱扫地，鬓丝禅榻两忘机"等实中虚、色中空的境界。

从清代笪重光《画筌》所写的入画景致，就可体会到平常物的意境："林带泉而含响，石负竹以斜通。草媚芳郊，蒲缘幽涘。潮落沙交，水光百道；山寒石出，树影千棂。爱落景之开红，值山岚之送晚。宿雾敛而犹舒，柔云断而还续。危峰障日，乱壑奔江。空水际天，断山衔月。雪残青岸，烟带遥岑。日落川长，云平野阔。地表千镡，高标插汉；波间数点，远黛浮空。匿秀岭于重峦，立奇峰于侧嶂。两崖峭壁，倒压溪船；一架危楼，下穿岩瀑。孤亭树覆，危磴阑扶。溪深而猿不得下，壁峭而鸟

空灵的玫瑰椅

不敢飞。惊涛拍于怒石，丛木拥乎飞梁。江上千峰雪积，海中孤岛云浮。霞蔚林泉，阴生洞壑。雨气渐沉暮景，夜色乍分晨光。散秋色于平林，收夏云于深岫。月映园林之潇洒，风生野渚之飘飖。云拥树而林稀，风悬帆而岸远。修篁掩映于幽涧，长松倚薄于崇崖。近溆鹭飞，色明初霁；长川雁度，影带沉晖。水屋轮翻，沙堤桥断。凫飘浦口，树夹津门。石屋悬于木末，松堂开自水滨。春萝络径，野筱萦篱。寒甃桐疏，山窗竹乱。柴门设而常关，蓬窗系而如寄。樵子负薪于危峰，渔父横舟于野渡。临津流以策蹇，憩古道而停车。宿客朝餐旅店，行人暮入关城。幅巾杖策于河梁，被褐拥鞍于栈道。贾客江头夜泊，诗人湖畔春行。楼头柳扬，陌上花飞。散骑秋原，荷锄芝岭。高士幽居，必爱林峦之隐秀；农夫草舍，长依陇亩以栖迟。拥书水槛，须知五月江寒；垂钓砂矶，想见一川风静。寒潭晒网，曲径携琴。放鹤空山，牧牛盘谷。寻泉声而蹑足，恋松色以支颐。濯足清流之中，行吟绝壁之下。登高而望远，临水以送归。卧看沧江，醉题红叶。松根共酒，洞口观棋。”

家具设计中常利用“空”去进行处理，以达到空灵的效果。例如，这张紫檀玫瑰椅用简单线条勾勒椅背和扶手的空处，表现出空若不空的境界，留下回味和想象的空间。

（五）奇巧

明代经济发达，人们的欲望普遍达到一个高潮。艺术上追求趣、险、奇、巧、怪成为一种风气。如徐渭《徐文长集·答许北口》：“读之果能如冷水浇背，陡然一惊，便是‘兴观群怨’之品。”

金圣叹批注《水浒传》：“夫天下险能生妙，非天下妙能生险也；险故妙，险绝故妙绝，不险不能妙，不险绝不能妙绝也。”“越奇越骇，越骇越乐。”

清代紫檀荷叶龙纹宝座牙板上的仿荷叶纹

明代紫檀荷花宝座（选自《中国工艺美术集》，高等教育出版社，2006）

在这种思潮影响下，明代的家具出现许多新样式。这些家具一反过去的平直中正、温和敦实，多采用曲线处理，显示出奇巧的特征。如这张明式椅子的靠背、联帮棍、扶手、榻脚都取弧线或S型曲线，座面也取扇面形。这都是以往椅子上不见的造型。上图这张明代紫檀荷花宝座，采用荷花与荷叶的自然形态，稍变形后布满宝座全身，整体设计可以说竭尽奇思妙想，体现当时追求奇巧的风气。这种风气一直延续到清代。

上海博物馆的一张清代荷叶龙纹宝座（图见第99页）也是用荷叶作为设计主题，座面侧面是模仿须弥座上的荷花纹雕饰，牙板上雕荷叶翻卷和筋络，虽然也非常巧妙，但和明代荷花宝座相比，则程式化了许多。

清代紫檀条桌局部

另外一种奇巧的做法是将一些起固定作用的部件雕刻成有趣的形式，兼具了装饰性和功能性。如桌脚和大边之间的牙子支撑，可以做出各种造型。

明代黄花梨条桌局部

上海博物馆展示的明代黄花梨妆盒显示了另一种巧妙，将多个功能集于一身。妆盒平时就是个储物箱，上盖撑起后就是个镜台，镜子可以搁在上面。妆盒上的雕刻，以及透空装饰，都非常巧妙贴切。

明代黄花梨妆盒

（六）简约

装饰以自然贴切为上品。中国古典家具的高明之处在于将装饰与结构很好地融合，将装饰件变为结构件，起到传承重力的作用。这种个性内敛的品质和文人们所推崇的“清静淡泊”颇为一致。

明代黄花梨椅子壶门券口上简洁的云纹饰

明代黄花梨上简洁的云头装饰

“简约”应该是一个比较现代的词，特别是 20 世纪 90 年代以来，“简约”一词用得很频繁。简约代表了现代艺术的方向，主要是和现代人的生活节奏和生活观念相联系的。包铭新教授在《时髦辞典》中很生动地解释了“简约”这个词的含义。简约的精神是简洁但不简单，表达了一种精致的生活方式。也就是外表看起来是简单的，但每个地方都十分讲究，这种讲究的代价甚至超过了复杂所要花的代价。

现代艺术要求用最少的艺术元素去表达对象，认为只有这样才能最大限度地接近对象的本质，所以你可以看到纯粹的点、线、面构成的绘画作品，还可以欣赏到纯粹打击乐器演奏的现代音乐。明代的紫檀家具中就可以看到同现代艺术一样简练的作品。

明式紫檀家具的简约还在于其独特的装饰与结构相结合的方式。简洁并不代表不装饰，而是在重要部位，巧妙地稍作装饰，起到画龙点睛的作用。明式紫檀家具中许多看似为装饰的部件，其实却起到了结构支撑的作用。有些结构件，又恰如其分地装饰美化了家具。古代工匠们在研究这种构饰的时候，融力学、美学于一体，简单中蕴含许多复杂的思量。

西方现代艺术对简约的追求是建立在对传统艺术的批判之上的，中国紫檀家具设计的简约却是对传统坚持的表现。可以从古代文学中体验到这一传统，中国的唐诗、宋词、散文无不讲究洗练流畅的文风，常常区区几十个字就能表达很大的场景和复杂的心绪，整篇诗文还具有很好的韵律。这种深深植根于文人内心的价值观转移到家具的设计中，就诞生了造型和意境俱佳的明式紫檀家具。

简约的官帽椅

紫檀家具与室内陈设

古典家具陈设方式亦是家具文化中重要的组成部分。中国古典家具种类繁多，按功能可分为卧具、坐具、起居用具、屏蔽用具、存贮用具、悬挂及承托用具，或按外形分为床榻、椅凳、桌、案几、屏帘、箱柜、台架等类。如此众多的家具，传统上是按一定规则进行摆放的。这些摆放与室内空间相协调，有实用性，又有装饰作用。中国是个极其重视“礼”的国家，在做任何事时均讲究法度。建筑按照尊卑布局，家具陈设按照房屋功能布局。

中国古代房屋的基本形式为“一明两暗”式，即“堂”和“内室”的形式。三开间的一明两暗的格局比较多。这种三开间的建筑通过开间、进深、高度的变化，演变成其他造型建筑的基本群组，将其延伸扩展来构成复杂的庭院格局。

北方形成的是四合院格局，房屋按南北纵轴线对称布置；江南地区的住宅以封闭式院落为单位，沿纵轴线布置，但纵轴线不一定是正南正北。主要住宅如门厅、轿厅大厅及住房等大型住宅沿中轴线建造，次要住房分布在中轴线两侧，形成三列院落组群。

明清两代富贵阶层住宅中的家具布置也和建筑格局一样严格，在较主要的厅中陈设的家具都采用成组成套的对称方式摆放，以厅的中轴线为基准对称放置。基本格调是平衡中正。

厅堂是会见客人、办婚丧喜事的地方。厅堂面积一般都比较大，通常都有前后门，有专门由外进入内屋（院）的通道。厅堂的布置多以“疏朗多空余”的方式摆放。这是较大的厅堂的摆放方式。入门正对是板壁或屏风，起到挡风避邪和加强厅堂私密性的作用。板壁前放条案，条案前是一张四仙或八仙方桌，左右两边设椅，屋中央两侧是对称的几和椅，两侧靠壁的位置也是对称的椅和几搭配放置的形式。有的厅堂还在中央放一张八仙桌或圆桌，桌四周放方凳或鼓凳。

内室，如卧室、书厅、小轩中的陈设方式通常没有那么严肃地对称放置。古代对家居的布置还是极讲究风水的。将“门、

厅堂陈设的传统格局

灶、床”的位置作为核心来处理，称为“阳宅三要”，床的位置方向要处于吉的位置。从明清小院插图中可以见到，卧室相对较小，通常内置一床、一案、几张凳或一对椅配几。

明代住宅室内布置显得颇为豪华，厅的面积很大，屋内的家具种类颇多而且每个的造型都很有特色，放置的位置相当自由。相比之下，《金瓶梅》中所绘插图中的卧室则要简单多了，可谓以精巧取胜。

上海博物馆陈列的明代潘允徵墓出土的家具明器，较为直接地反映了明代卧室的家具组成和摆放状况，成为研究明代家居习俗的第一手资料。图中可以清楚地看到架子床、衣架、脸盆架、衣箱、条桌、官帽椅、桶和杌凳等家具。

室内空间的划分上，一般需较为严格地区分的地方，如卧室与其他房间，使用木板壁及隔扇，在性质上区别不太大的两个空间使用屏风，使两个空间处于又分又合的境况。透空的博古架置于不要求严格分割的地方。

明代潘允徵墓出土的家具明器

家具陈设之外还有大量的木制小件作为陈设摆放，如紫檀等名贵木材做的插屏、提盒、瓷器座、挂屏等。

古典家具的陈设让人感到其中丰富的意趣，其丰富的文化及人文背景也仿佛是一段历史。明代的室内陈设朴素简单、错落有致，较符合当代人追求简练的审美要求。而清朝末年的室内陈设则日渐重叠拥挤，与当时清式家具的繁琐之风一样让人感到压抑。

近年来，复古风格成为室内装饰的一种风气。但是，所谓复古不是按照上述传统样式设计厅堂和居室，而是将古典元素用时尚手法表现出来。所以，现代居室的中式设计常常是中西合璧的。

圈椅和几的搭配

官帽椅和几的搭配

中国古代传统客厅陈列

紫檀家具室内布置

如前文所述，一旦紫檀家具的舒适性得到改进，其融入现代生活就变得非常容易。传统紫檀家具主要分明式和清式两种，明式风格的家具简洁委婉，和现代风格的家具有着相近的属性，所以将明式家具布置在现代样式的室内，可以起到很好的装饰作用。

按照我们所处的这个时代来说，是一个风格混淆的时代。你可以在一个地方见到不同风格的事物，如一间现代客厅里有属于巴洛克风格的椅子，配合的是玻璃和钢制作的餐台，落地窗前放置的是明式圈椅和几，维多利亚风格沙发面对的是挂在墙上的大屏幕液晶电视……这就是典型的后现代式的厅。

一般情况下的复古情调不用如上所言的那么夸张，多将紫檀家具作为提升品味的手段来使用的。如，沙发前放一张中式紫檀矮几，或窗前放一组官帽椅配合墙上的中国字画，有条件的在书房放置一张大的画桌，配合几个绣墩等，都能为生活增加舒适性和情调。所以，紫檀家具不是过去式，而是实实在在的进行时，古典样式的紫檀家具正为现代生活带来闲暇和舒适的体验。

中式厅堂布局

紫檀家具轶闻

关于紫檀家具有一些有意思的故事，多出现在一些旧杂志报纸的边角，多不可考。收集于此，作为紫檀文化的一点花絮而已。

很久以前在报纸上见到一篇豆腐块文章，说的是刘海粟在清末民初花了五十两黄金订购了一套紫檀家具，最终是否能够成套也不得而知。五十两黄金在当时是很大数目的一笔钱，可见当时紫檀的昂贵。有记载说宫中的紫檀在袁世凯的时候就用了个精光，民间的紫檀是哪里来的呢？最常见的情况是从毁损的旧紫檀家具上拆下的料，再加工一下，拼凑出新的家具。要是这样的话，是很难做出大一点的家具的，通常只能做出椅凳之类的家具。

报纸上也曾登出过另一套著名紫檀家具的去处。在四川大地主刘文采家里曾发现一套紫檀家具。这套紫檀家具有螺钿贝类镶饰。据传，这套紫檀家具来自于太平天国的宫中，不知道何时流落民间并且被刘文采收去。又传说经专家研究，这套家具是否为紫檀的还有异议。

京制紫檀家具的民间队伍，清代以崇文门外的“鲁班馆”最为有名。这些工匠同样有着高超的技艺，只不过因为经济实力远不如皇家雄厚，所以创作的空间也相对狭窄了许多。高级紫檀木当时几乎为皇宫贵族所专有，流于民间的能成大器的原木不多，所以，工匠们在用料上不得不精打细算。当时，为了迎合各界对紫檀家具的崇尚，他们不得不以巧手艺来弥补原料的缺憾。鲁班馆的高手能够在其他硬木做的家具上贴上紫檀木片，或者再描上金漆画作为障眼法，以此来冒充紫檀家具。一般人根本看不出破绽。他们也能将一些旧的紫檀家具的榫卯拆开，再造新的器物。

收藏家、鉴赏家等也会在收集的家具上留下题识，或记载家具的来历，或记载得此家具的感慨与欣喜。这种留在家具上的题识，一经名人之手，也就身价百倍，备受后来收藏者的珍爱。在《清仪阁杂咏》中记载了一件紫檀家具，“周公瑕坐具”，也就是一把扶手椅。文中记载说："周公瑕坐具，紫檀木，通高三尺二寸，横一尺五寸八分，倚板镌：'无事此静坐，一日如两日，若活七十年，便是百四十。'戊辰冬日周天球书。"印二：一曰周公瑕氏，一曰止园居士。这只椅子是明代书画家周天球所用。由于他在背板上刻了些五言绝句，此椅就成为一件赫赫有名的家具了。

当代紫檀家具

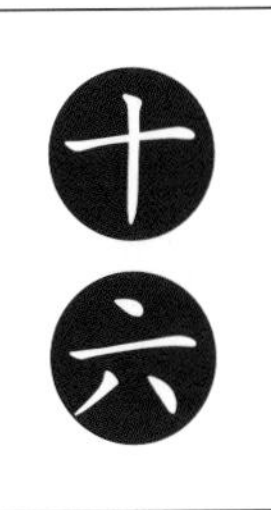

明清两代将紫檀家具的设计与生产提高到前所未有的高度。清代家具的结构已经非常完善，各种榫卯结构得到充分应用，中式家具的风格也形成了多种成熟的流派。在当时条件下，紫檀家具的生产技术已经达到极致。

从民国初开始，中国几乎就没有紫檀木原材了，数十年的战争和社会动荡，以及经济能力低下，近代根本没有紫檀家具的产量。当代中国的紫檀家具生产开始于 20 世纪 90 年代中期，这是一个必须在相当经济实力支撑下的探索过程，而且是一个超越前人的实践过程。

首先要看到前代紫檀家具的缺陷，才能知道今天如何将紫檀家具做得更好。上海博物馆的明清家具馆和北京故宫博物院都收藏和展示了一些紫檀家具。这些家具除了前面提到的那些优点以外，还有着一些缺陷。

第一，紫檀木材固有的缺陷。虽然紫檀有着那么多优点，色泽、滋润度、硬度等几乎都无可挑剔，但是正是因为紫檀的高密度，为加工带来了很大麻烦。紫檀生长缓慢，其组织紧密，年轮几乎在放大镜下才可以看清。新鲜的紫檀木含水率很高，从锯开的断面可以看到明显的水渍，因为其细胞结构紧密，如果让其自然干燥，达到能够制造家具的含水率，要等数十年。即使等候其自然干燥，也并不能保证其中心的含水率和边缘一样。如果在木材含水率还很高的情况下就制成家具，家具会变形开裂。

现存的明清紫檀家具的表面都有明显开裂。这是因为木材细胞中的水分释放了，木材细胞干瘪，加上克服湿度差应力不均，而造成开裂。现在新制的紫檀家具，如果是在南方制作的，运到北方后，因为湿度降低，多会迅速开裂变形。所以，首先要克服的就是紫檀材质本身的缺陷。

紫檀干燥处理的难题最终被南通永琦紫檀艺术珍品有限公司（以下简称“永琦紫檀”）攻克。在数年时间内，永琦紫檀先后试验了蒸汽干燥、微波干燥等多种干燥方法，均告失败，最

后找到了可靠的干燥紫檀的方法，即用稳定的物质置换掉紫檀细胞中的水分，在水分释放的同时，其他物质进入原来水分占据的空间，使得木材内外的湿度应力在置换过程中始终保持平衡。这种干燥方法的好处在于最好地保持了紫檀的状态，因为其不再有水分存留，百年后，紫檀家具表面也不会出现塌陷、开裂现象。即使从最潮湿的地方运到最干燥的地方，或处于空调的房间内，也不会产生变形开裂。当然，得到这样的突破花费了巨额资金和精力。每一次试验总要消耗数千千克的紫檀，试验连续进行了近 5 年才获得成功。

因为材质处理上的突破，使得紫檀家具的加工技术有了质的飞跃。所有的实木家具在面板和框架之间都必须留有伸缩缝。当空气湿度和温度变化时，木板就会伸缩。如果不留伸缩缝，框架就会被木板胀裂。相对来说，湿度对木材形态的影响要比温度的影响大得多。经过置换干燥处理过的紫檀，制成的家具可以不留伸缩缝。永琦紫檀出品的家具面板都不留伸缩缝，这样的面板，浑然一体，这是前无古人的设计制造。

第二，中国传统紫檀家具的形制缺陷。中式家具多不够舒适，造成这种情况的原因主要有这么几种：首先，传统中式紫檀家具各部分多采用较为平直的设计，对人体颈部、腰部以及手臂的照顾多不够。这很可能是只考虑了视觉和礼仪的需要造成的。其次，有的皇室紫檀家具或许根本就不考虑舒适的因素。例如，清代的紫檀宝座，座面进深很长，坐者很难靠到靠背；座面很高，如果靠到后背，脚就离地很高了。实际上，该紫檀宝座就是让坐者端坐在座面边缘，保持一种高贵但很累的姿态。再次，清式紫檀坐具多采用紫檀座面，这似乎很合乎逻辑，但紫檀硬而冷，久坐会令人有疲劳和痛感。现代人对舒适性的要求不亚于对美的要求，改变传统中国家具的形制是让紫檀家具进入现代生活的必要工作。

永琦紫檀在这方面的努力也获得了很大的成果，多种坐具的高度、靠背和扶手的调整和重新设计大大增加了传统家具的

无缝桌面和镜面效果

舒适性。例如：通过反复试验靠板的曲度达到椅背对人体腰部的最好舒适度，同时也调整了后腿和搭脑的曲度与位置，使得人坐在椅子上不会有被向前推的感觉，可以舒适地将颈部靠在搭脑的部位。关于舒适度的改进问题在后面有专门章节叙述。改进家具的舒适度或许不算是难度很大的事，但在改进舒适度的同时要保持家具原有的风格和形态、保持传统样式的和谐特征是困难的,所以,改进往往是在形式与舒适性之间寻找平衡点。

另外，永琦紫檀改进了传统的藤面技术。藤面在弹性、透气性等舒适度方面都非常好。永琦紫檀采用牢度极好的细藤，设计多种编织纹样，并在与框架结合处增加固定牢度，延长了使用寿命。用这样的藤面，可以使人久坐后不会有疲劳感。

第三，传统打磨工艺的缺陷。传统打磨紫檀家具用的是节节草。这是前辈们能找到的用来打磨的最细腻的工具了。不过，相对于现代技术来说，节节草还是太过于粗糙了，紫檀那细腻润泽的特征不可能在节节草的打磨下完全展示出来。

经过置换干燥处理的紫檀，从粗到细经过 4 ～ 6 道纱纸的磨工，每道打磨将上道留下的痕迹彻底打磨干净。打磨还必须考虑方向性。最终使用是进口的 5 千目细纱纸，将紫檀表面磨得光润如玉、平滑如镜。在经过这些打磨工艺之后，能让紫檀有如婴儿肌肤般的光滑，带来视觉与触觉上的极大愉悦，这种感受是前代任何紫檀作品都难以企及的。

当代的紫檀家具在材质处理、舒适度、外观等各方面都超越了明清紫檀家具，可以说，现在是中国传统家具发展的又一个高峰期。

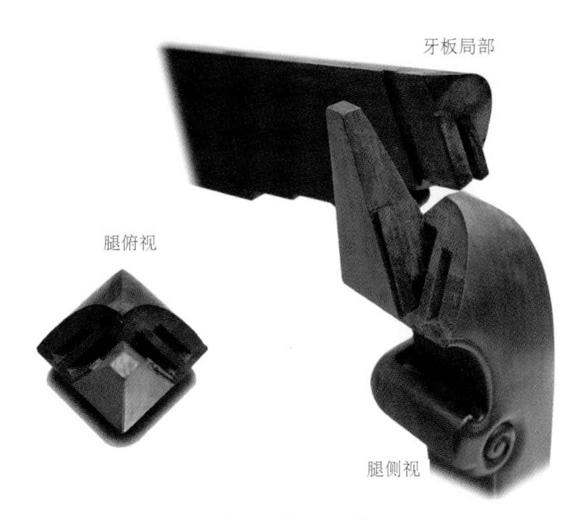

改进的抱肩榫结构

古典家具文献综述

各个科学门类或行业都有两个重要的组成部分，那就是理论和实践。古典家具艺术作为一个门类也需要基础理论的支撑。经过数代学者们的努力，这方面已经做得比较完善了。

王世襄先生所著《明式家具研究》可以说是研究中国古典家具的圣经，这本书已经有了英文版、法文版、德文版，是所有研究中国古典家具的人都必须阅读的书。王世襄著《明式家具萃珍》收录了数十件明代精品家具。王世襄著《清代匠作则例》，把清代完成的建筑和制成的器物，开列其整体或部件的名称规格，包括制作要求、尺寸大小、限用工时、耗料数量以及重量、运费等。

香港三联书店出版了王世襄先生的选集《锦灰堆》，其中的家具部分对中国古典家具作了深入浅出的探讨，特别对家具的风格、结构、鉴赏等方面作了详尽的描述。

古斯塔夫 · 艾克是德国人，是研究中国明式家具的重要学者。他 1928 年到北京清华大学任教，随后又到北京辅仁大学西洋文学史系任教。他后来发表了多篇研究中国家具的论文和专著。1940 年发表了《中国硬木家具使用的木材》，1944 年发表了《中国花梨家具图考》，1952 年发表了《关于中国木器家具》。《中国花梨家具图考》被多次再版，是研究中国古典家具的重要资料。

田家青先生的《清代家具》是目前介绍清代家具最重要的专著，书中收录了几十件有代表性的清代家具，并介绍了清代家具的风格特征和沿革，以及清代宫廷“造办处”制作家具的制度等。田家青著《紫檀缘——悦华轩珍藏清代家具与珍玩》，介绍了悦华轩（香港）珍藏的清宫紫檀家具及珍玩。书中还收录了作者的论文两篇。《明韵——田家青设计家具集锦》收录作者设计的数十件家具作品，并将其设计图纸在书中刊出。

董伯信先生的《中国古代家具综览》以历史时空顺序为线索，较为完整地收录了自古以来的中国家具图像资料，并对各个时期的各式家具作了介绍。此书以各时期遗址、墓葬考古发掘出土的实物史料为主，以各种绘画、器物中的家具形象资料为辅，以文献记载为佐证，按家具的形式、品种、特点等因素横向展开，展示了中国古代家具的演变过程。

胡德生先生著有《中国古代家具》、《中国古代家具与生活》、《胡德生谈明清家具》等著作。胡德生著《中国家具真伪识别》是一本有关明清家具方面的专著，结合艺术品投资市场的真伪实例，详细地阐述了真伪艺术品的历史溯源、地域分布以及不同的种类、特征、材质、工艺等内容，是一本了解家具收藏的实用书籍。

李宗山先生的《中国家具史图说》，运用考古学的研究方法，使用大量的历史文献，对中国家具的传统和发展变迁，作了系统的梳理探讨。本书主要分成家具发展史概要、初始阶段的家具形态、早期古典家具等八章。这本专著是插图本的中国家具史。

胡文彦先生著《中国家具文化》从政治、经济、文化艺术、宗教信仰、民风民俗、科技工艺等方面探讨了中国家具文化。将家具放到文化的大背景下进行了研究和阐述。

由 Karen Mazurkewich 编著、Tuttle Publishing 出版的《Chinese Furniture – A Guide to Selecting Antiques》讲述了收集中国古代家具的知识，介绍了各种中国古代家具的特征和收集注意点。

以上只是极简要地介绍了一些涉及中国古典家具的学者和著作，供同道按图索骥。关于这方面的文章和专著还有很多，不一一列出了。相信在理论研究获得进步的同时，中国紫檀家具业会取得巨大的腾飞和辉煌。

参考文献

[1] 王世襄．明式家具研究．香港：三联书店有限公司，1989

[2] 王世襄．锦灰堆．香港：香港三联书店有限公司，1999

[3] 李宗山．中国家具史图说．武汉：湖北美术出版社，2001

[4] 董伯信．中国古代家具综览．合肥：安徽科学技术出版社，2004

[5] 田家青．清代家具．香港：三联书店有限公司， 1995

[6] 紫檀．台湾：寒舍出版社，1996

[7] 国立故宫博物院（台湾）．画中家具特展．香港：商务印书馆，1996

[8] 胡文彦．中国家具鉴定与欣赏．上海：上海古籍出版社，1995

[9] 蔡易安．清代广式家具．香港：八龙书屋，1993

[10] 古斯塔夫·艾克．中国花梨家具图考．北京：地震出版社，1991

[11] Karen Mazurkewich.Chinese Furniture－A Guide to Selecting Antiques. North Clarendon：Tuttle Publishing，2001

[12] 刘敦桢．中国古代建筑史．北京：中国建筑工业出版社，1984

[13] 蔡易安．龙凤图典．郑州：河南美术出版社， 1996

[14] 李泽厚．华夏美学．桂林：广西师范大学出版社，2001

[15] 爱德华·谢弗．唐代的外来文明．西安：陕西师范大学出版社，2005

[16] 段文杰．中国敦煌壁画全集．天津：天津美术出版社，2006

[17] 周铁烽．中国热带主要经济树木栽培技术．北京：中国林业出版社，2001

[18] 李昉．太平御览．上海：上海古籍出版社，1994

[19] 马端临．文献通考．北京：中华书局，1986

[20] 江苏新医学院．中药大辞典．上海：上海科学技术出版社，1977

[21] 李时珍．本草纲目．上海：上海古籍出版社，1991

[22] 文震亨．长物志校注．南京：江苏科学技术出版社，1984

本书第七、八章的部分图片为上海博物馆藏品，第八、九、十四、十六章的部分照片由南通永琦紫檀艺术珍品馆提供，其他照片由顾畅提供。观看资料更新请登录www.ntyqzt.com。